멘사 시각 퍼즐

Mensa Visual Brainteasers

by John Bremner

IQ 148을 위한

MENSA
멘사 시각 퍼즐
PUZZLE

존 브렘너 지음 | **지형범** 옮김
멘사코리아 감수

보누스

비언어 추리력에 도전하라

시각 퍼즐은 퍼즐 중독자들에게 특별한 의미를 지닌다. 시각 퍼즐도 문자와 숫자 퍼즐을 풀 때와 마찬가지로 학습 능력보다는 재치가 필요하다. 심리학자들이 지능을 평가할 때 이른바 '비언어 추리력'에 기대는 것은 우연의 일치가 아니다. 심리학자들이 발견한 바에 따르면 학습 능력에 의지해야 하는 상황에서는 불리한 사람이 시각 퍼즐이 제공하는 자유 앞에서는 두각을 나타낼 수 있다고한다.

이런 퍼즐을 붙잡고 씨름하다 보면 재미있기도 하다. 논리적으로 미처 따지기도 전에 머릿속에서 갑자기 번쩍하고 섬광이 일면서 답이 보인다. 이는 소중한 능력으로, 꾸준히 연습하다 보면 키울 수 있다. 물론 퍼즐이 어려울수록 많은 사고력이 필요하지만, 그렇더라도 먼저 육감에 기대어보기 바란다. 곧 여러분은 육감이 맞을 때가 예상외로 아주 많다는 데 놀라게 될 것이다.

로버트 앨런
영국멘사 출판 부문 대표

내 안에 잠든 천재성을 깨워라

영국에서 시작된 멘사는 1946년 롤랜드 베릴(Roland Berill)과 랜스 웨어 박사(Dr. Lance Ware)가 창립하였다. 멘사를 만들 당시에는 '머리 좋은 사람들'을 모아서 윤리·사회·교육 문제에 대한 깊이 있는 토의를 진행시켜 국가에 조언할 수 있는, 현재의 헤리티지 재단이나 국가 전략 연구소 같은 '싱크 탱크'(Think Tank)로 발전시킬 계획을 가지고 있었다. 하지만 회원들의 관심사나 성격이 너무나 다양하여 그런 무겁고 심각한 주제에 집중할 수 없었다.

그로부터 30년이 흘러 멘사는 규모가 커지고 발전하였지만, 멘사 전체를 아우를 수 있는 공통의 관심사는 오히려 퍼즐을 만들고 푸는 일이었다. 1976년 《리더스 다이제스트》라는 잡지가 멘사라는 흥미로운 집단을 발견하고 이들로부터 퍼즐을 제공받아 몇 개월간 연재하였다. 퍼즐 연재는 그 당시까지 2, 3천 명에 불과하던 멘사의 전 세계 회원수를 13만 명 규모로 증폭시킨 계기가 되었다. 비밀에 싸여 있던 신비한 모임이 퍼즐을 좋아하는 사람이라면 누구나 참여할 수 있는 대중적인 집단으로 탈바꿈한 것이다. 물론 퍼즐을 즐기는 것 외에 IQ 상위 2%라는 일정한 기준을 넘어야 멘사 입회가 허락되지만 말이다.

어떤 사람들은 "머리 좋다는 친구들이 기껏 퍼즐이나 풀며 놀고 있다"라고 빈정대기도 하지만, 퍼즐은 순수한 지적 유희로서 충분한 가치가 있다. 퍼즐은 숫자와 기호가 가진 논리적인 연관성을 찾아내는 일종의 암호풀기 놀이다. 겉으로는 별로 상관없어 보이는 것들의 연관 관계와, 그 속에 감추어진 의미를 찾아내는 지적인 보물찾기 놀이가 바로 퍼즐이다. 퍼즐은 아이들에게는 수리와 논리 훈련이 될 수 있고 청소년과 성인에게는 유쾌한 여가활동, 노년층에게는 치매를 예방하는 지적인 건강지킴이 역할을 할 것이다.

시중에는 이런 저런 멘사 퍼즐 책이 많이 나와 있다. 이런 책들의 용도는 스스로 자신에게 멘사다운 특성이 있는지 알아보는 데 있다. 우선 책을 재미로 접근하기 바란다. 멘사 퍼즐은 아주 어렵거나 심각한 문제들이 아니다. 이런 퍼즐을 풀지 못한다고 해서 학습 능력이 떨어진다거나 무능한 것은 더더욱 아니다. 이 책에 재미를 느낀다면 지금까지 자신 안에 잠재된 능력을 눈치 채지 못했을 뿐, 계발하기에 따라 달라지는 무한한 잠재 능력이 숨어 있는 사람일지도 모른다.

아무쪼록 여러분이 이 책을 즐길 수 있으면 좋겠다. 또 숨겨져 있던 자신의 능력을 발견하는 계기가 된다면 더더욱 좋겠다.

멘사코리아 전(前) 회장
지형범

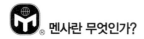

멘사란 무엇인가?

멘사란 '탁자'를 뜻하는 라틴어로, 지능지수 상위 2% 이내(IQ 148 이상)의 사람만 가입할 수 있는 천재들의 모임이다. 1946년 영국에서 창설되어 현재 100여 개국 이상에 14만여 명의 회원이 있다. 멘사코리아는 1998년에 문을 열었다. 멘사의 목적은 다음과 같다.

- 첫째, 인류의 이익을 위해 인간의 지능을 탐구하고 배양한다.
- 둘째, 지능의 본질과 특징, 활용처 연구에 힘쓴다.
- 셋째, 회원들에게 지적·사회적으로 자극이 될 만한 환경을 마련한다.

IQ 점수가 전체 인구의 상위 2%에 해당하는 사람은 누구든 멘사 회원이 될 수 있다. 우리가 찾고 있는 '50명 가운데 한 명'이 혹시 당신은 아닌지?

멘사 회원이 되면 다음과 같은 혜택을 누릴 수 있다.

- 국내외의 네트워크 활동과 친목 활동
- 예술에서 동물학에 이르는 각종 취미 모임
- 매달 발행되는 회원용 잡지와 해당 지역의 소식지
- 게임 경시대회, 친목 도모 등을 위한 지역 모임
- 주말마다 열리는 국내외 모임과 회의
- 지적 자극에 도움이 되는 각종 강의와 세미나
- 여행객을 위한 세계적인 네트워크인 'SIGHT' 이용 가능

멘사에 대한 좀 더 자세한 정보는 멘사코리아의 홈페이지를 참고하기 바란다.

- 홈페이지 : www.mensakorea.org

문제

Mensa Visual Brainteasers

직선 3개로 아래 그림을 6개의 구역으로 나누라. 단, 각 구역마다 시계 1개, 토끼 2마리, 번개 3개가 들어가야 한다.

답: 184쪽

아래 그림에 그려진 블록들은 모두 4가지 시각이 뒤섞여 있다. 그림에 들어 있는 블록의 수는 모두 몇 개일까?

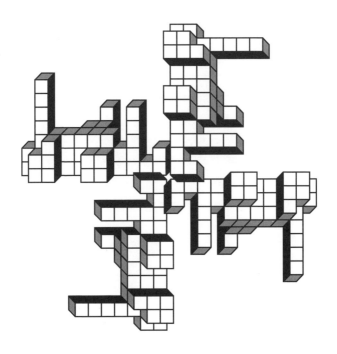

답: 184쪽

보기 A~F 중 같은 모양의 나비는 어느 것과 어느 것일까?

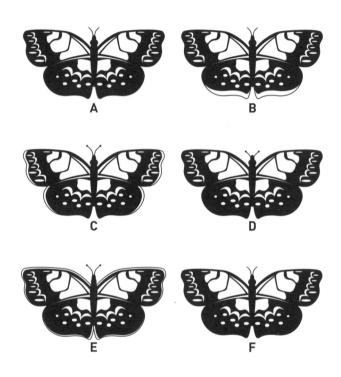

A

B

C

D

E

F

답: 184쪽

보기 A~D 중 나머지와 다른 하나는 어느 것일까?

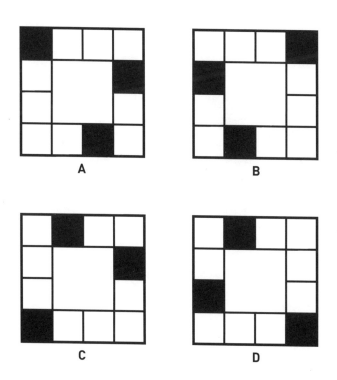

A

B

C

D

답: 184쪽

보기 A~D 중 빈 공간에 들어맞는 것은 어느 것일까?

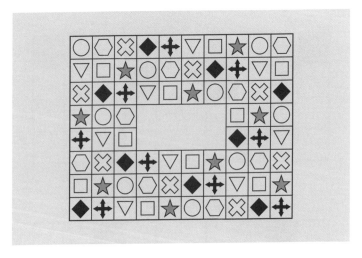

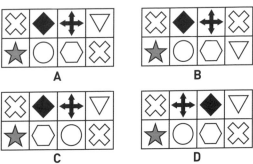

A   B

C   D

답: 185쪽

보기 A~D 중 나머지와 다른 하나는 어느 것일까?

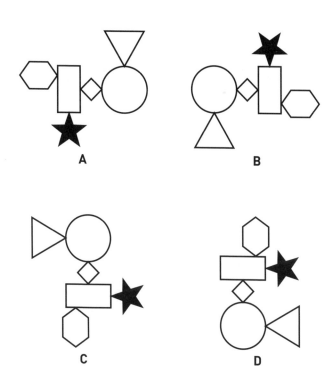

A

B

C

D

답: 185쪽

보기 A~D 중 나머지와 다른 펭귄은 어느 것일까?

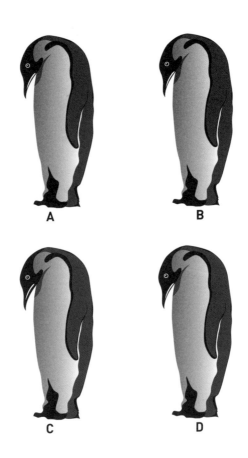

답: 185쪽

보기 A~F 중에서 다음 관계에 걸맞은 것은 어느 것일까?

먼지와 ＿＿＿의 관계와 같다.

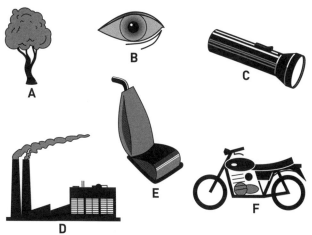

A

B

C

E

D

F

답: 185쪽

보기 A~D 중 나머지와 다른 하나는 어느 것일까?

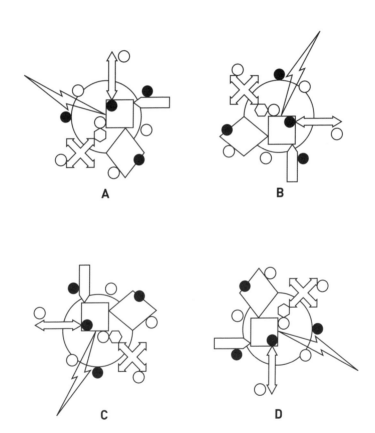

A

B

C

D

답: 185쪽

점이 박힌 타일과 점이 없는 타일이 일정한 규칙으로 배열되어 있다. 가운데 빈 곳에 같은 규칙을 적용한다면 점이 있는 타일은 몇 개가 필요할까?

답: 186쪽

검은색 화살표 방향으로 힘을 가한다면, 마지막에 연결된 짐은 올라갈까? 내려갈까?

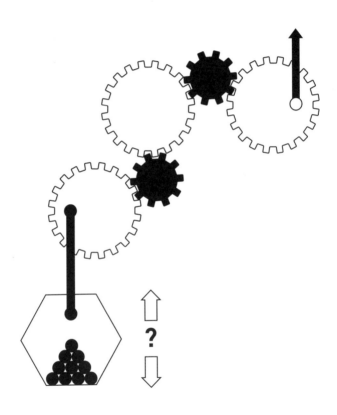

답: 186쪽

보기 A~D 중 똑같은 모습을 가진 새 둘은 어느 것과 어느 것일까?

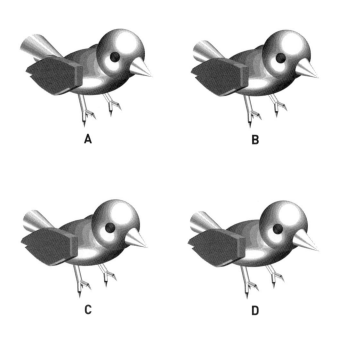

A

B

C

D

답: 186쪽

정원사 링컨은 손자들에게 장미 넝쿨을 각각 19개씩 남겨주었다. 손자들은 서로를 미워하기 때문에 자기가 가진 넝쿨을 둘러싸는 울타리를 치기로 했다. A구역은 아그네스의 것이며, B구역은 빌리, C구역은 카트리나, D구역은 디렉의 것이다. 네 사람 중 울타리를 가장 많이 쳐야 하는 사람은 누구일까?

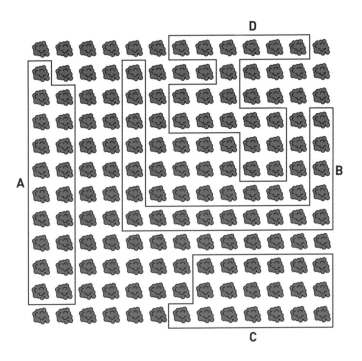

답: 186쪽

보기 A~D 중 똑같은 모습을 가진 거미 두 마리와 거미집 두 개를
고르라.

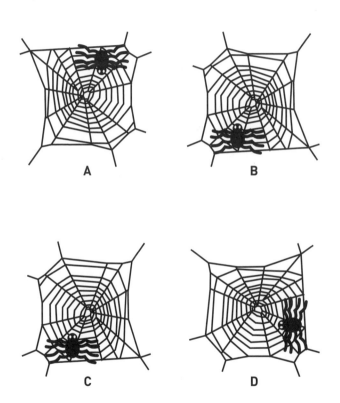

답: 186쪽

보기 A~D 중 나머지와 다른 하나는 어느 것일까?

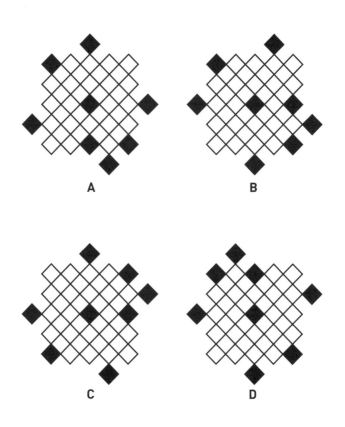

A

B

C

D

답: 186쪽

문제
016

그림 B에서 그림 A와 다른 곳을 열 군데 찾으라.

A

B

답: 187쪽

그림은 미국 중서부의 지도이다. 네 가지 색을 사용하여 색칠하라.
단, 경계를 맞대고 있는 주는 서로 다른 색으로 칠해야 한다.

답: 187쪽

보기 A~D 중 나머지와 다른 하나는 어느 것일까?

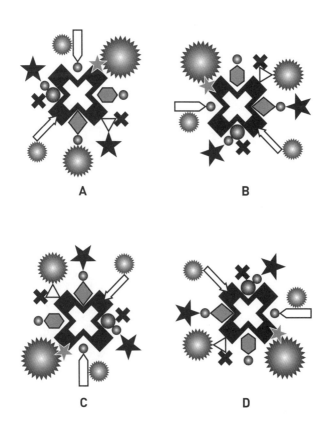

A

B

C

D

답: 187쪽

보기 A~D 중 나머지와 다른 하나는 어느 것일까?

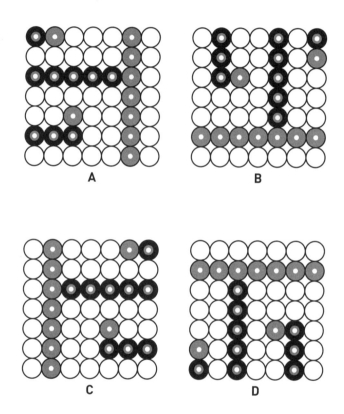

A   B

C   D

답: 187쪽

그림에서 빠진 벽돌은 모두 몇 개일까?

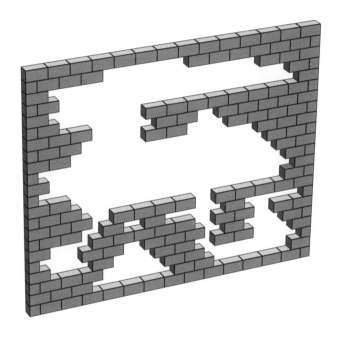

답: 188쪽

보기 A~D 중 나머지와 다른 하나는 어느 것일까?

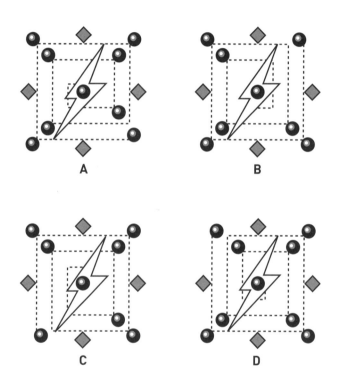

A   B

C   D

답: 188쪽

보기 A~D 중 물음표에 들어갈 적당한 그림은 어느 것일까?

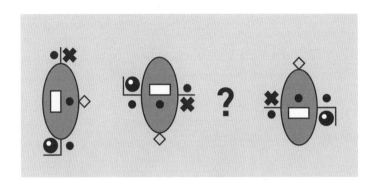

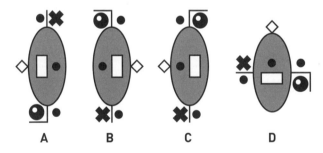

A   **B**   **C**   **D**

보기 A~H 중에서 다음 관계에 걸맞은 것은 어느 것일까?

과 ⬜ 은

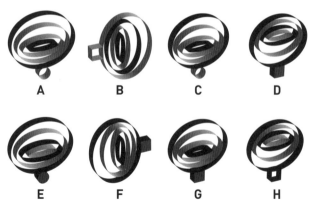

과 _____의 관계와 같다.

A B C D

E F G H

답: 188쪽

보기 A~D 중 나머지와 다른 하나는 어느 것일까?

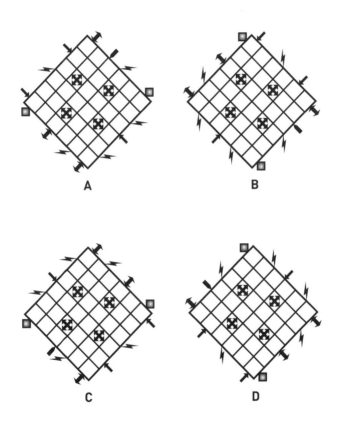

A

B

C

D

답: 188쪽

보기 A~F 중 어느 한 부분이 다르게 그려진 그림은 어느 것일까?

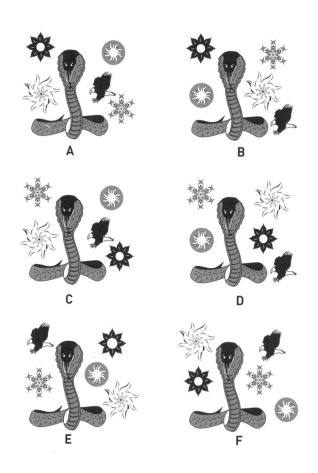

답: 188쪽

아래 그림은 논리적인 덧셈이다. 물음표에 들어갈 적당한 그림은
보기 A~F 중 어느 것일까?

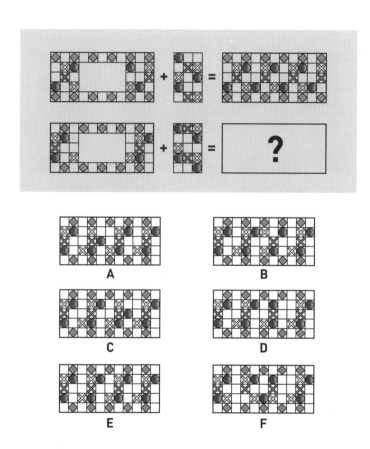

답: 189쪽

보기 A~D 중 물음표에 들어갈 그림은 어느 것일까? 단, 윗줄과 아
랫줄은 서로 다르게 움직인다.

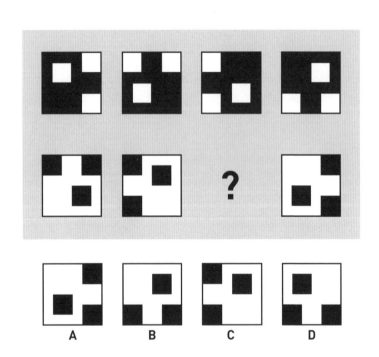

A   B   C   D

답: 189쪽

보기 A~H 중에서 다음 관계에 걸맞은 것은 어느 것일까?

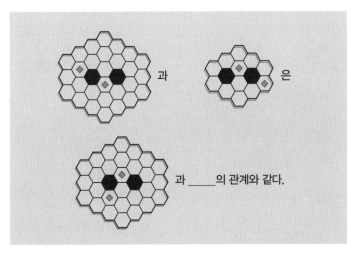

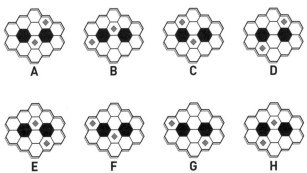

A B C D

E F G H

답: 189쪽

그림 B에서 그림 A와 다른 곳을 아홉 군데 찾으라.

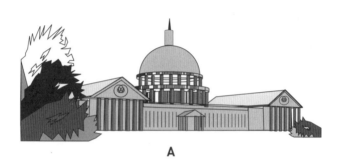

A

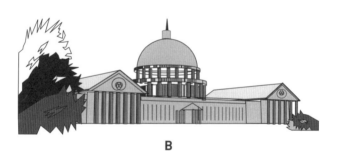

B

보기 A~E 중 다른 세 개와는 다르며 서로 같은 둘은 어느 것과 어느 것일까?

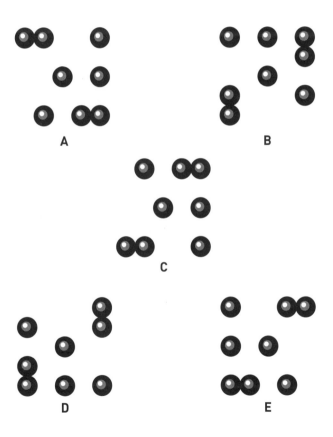

다음 장치는 균형을 이루고 있다. 블록의 무게는 색에 관계없이 동일하다. 만약 검은색 블록 위에 세 개의 블록을 얹어 놓는다면, 반대쪽 어느 위치에 두 개의 블록을 얹어야 균형을 맞출 수 있을까?

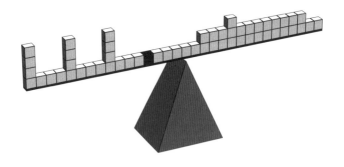

답: 189쪽

보기 A~D 중 나머지와 다른 하나는 어느 것일까?

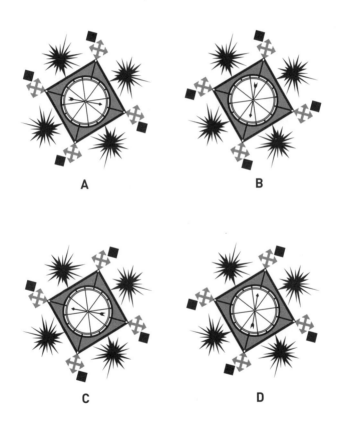

답: 190쪽

아래 그림에서 똑같은 나비 두 마리를 찾으라.

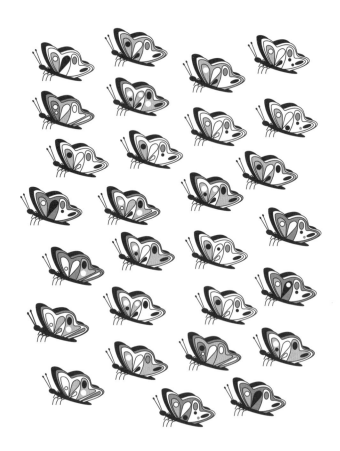

답: 190쪽

보기 A~H 중 물음표에 들어갈 적당한 그림은 어느 것일까?

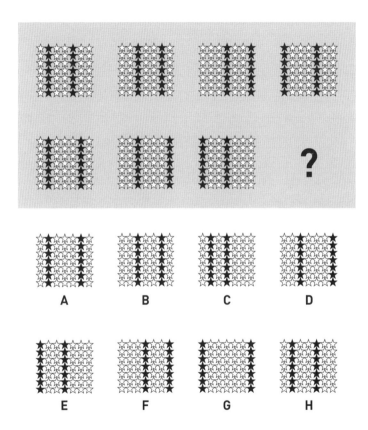

A

B

C

D

E

F

G

H

답: 190쪽

다음 그림에서 캥거루는 모두 몇 마리일까?

답: 190쪽

보기 A~F 중에서 다음 관계에 걸맞은 것은 어느 것일까?

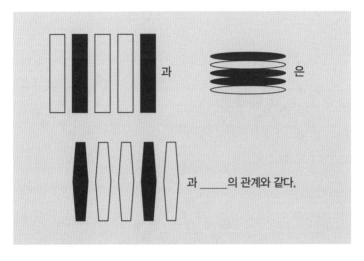

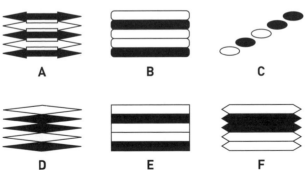

A

B

C

D

E

F

답: 190쪽

보기 A~E 중 짝을 지을 수 없는 하나는 어느 것과 어느 것일까?

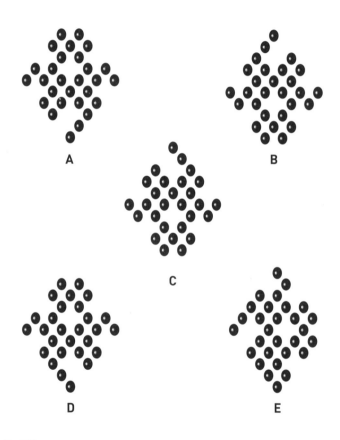

보기 A~D 중 물음표에 들어갈 적당한 그림은 어느 것일까?

답: 191쪽

보기 A~H 중 물음표에 들어갈 적당한 그림은 어느 것일까?

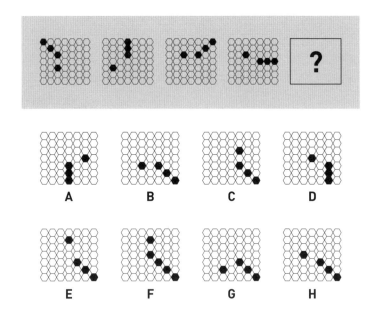

답: 191쪽

화살표 방향으로 힘을 가한다면, 마지막에 연결된 짐은 올라갈까?
내려갈까?

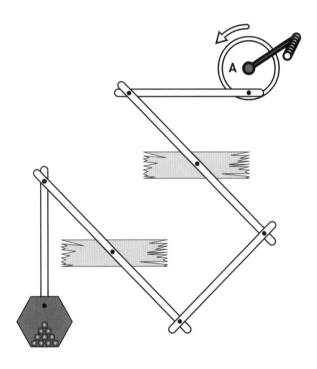

답: 191쪽

어떤 절벽에서 벽돌을 떨어뜨림과 동시에 대포를 수평으로 쏘았다. 공기의 저항을 무시할 때, 벽돌과 포탄은 어떻게 될까?

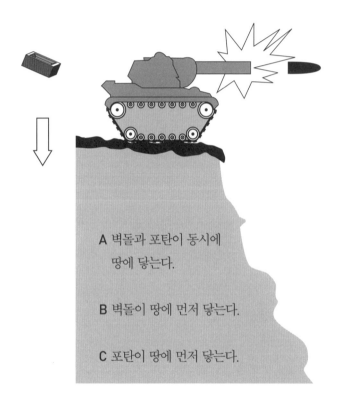

A 벽돌과 포탄이 동시에
땅에 닿는다.

B 벽돌이 땅에 먼저 닿는다.

C 포탄이 땅에 먼저 닿는다.

답: 191쪽

보기 A~D 중 나머지와 다른 하나는 어느 것일까?

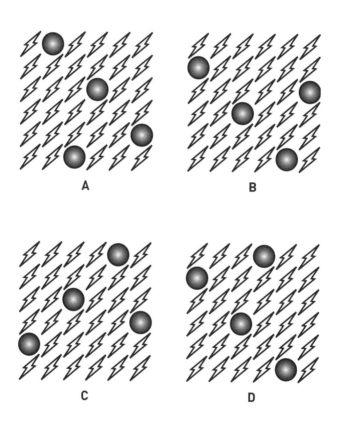

A

B

C

D

답: 191쪽

검은 점은 두 막대를 연결하고 있다. A점과 B점이 서로 접근한다
면 C점과 D점은 서로 가까워질까? 멀어질까?

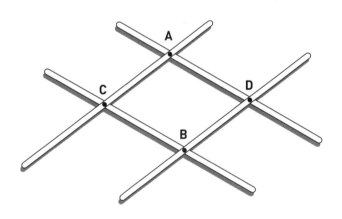

답: 191쪽

보기 A~D 중 나머지와 다른 하나는 어느 것일까?

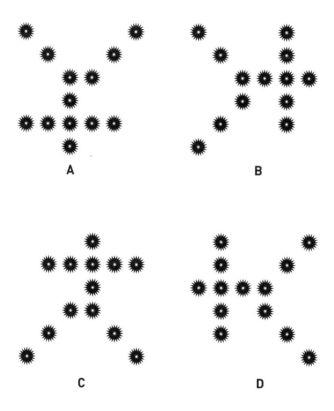

보기 A~D 중 나머지와 다른 하나는 어느 것일까?

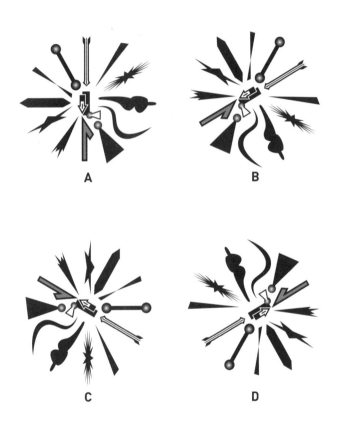

A

B

C

D

답: 192쪽

직선 4개로 아래 그림을 7개의 구역으로 나누라. 단, 각 구역마다
피라미드 3개, 공 7개가 들어가야 한다. 직선은 그림의 가장자리
끝까지 가지 않아도 된다.

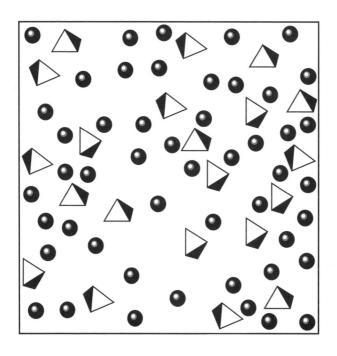

답: 192쪽

보기 A~D 중 물음표에 들어갈 적당한 그림은 어느 것일까?

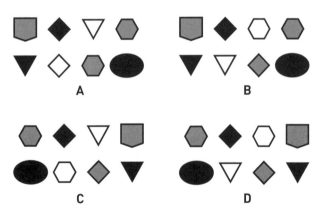

보기 A~F 중에는 똑같은 그림이 두 개씩 있다. 같은 그림 3쌍을 찾으라.

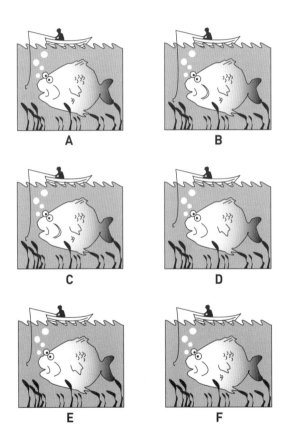

답: 193쪽

보기 A~D 중 나머지와 다른 하나는 어느 것일까?

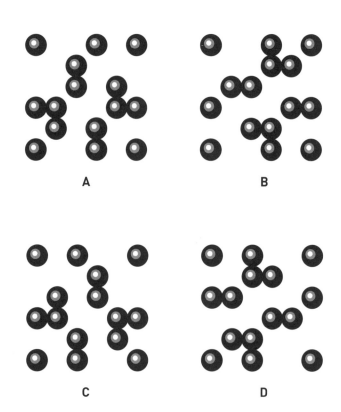

A

B

C

D

답: 193쪽

다음은 어느 도시의 도로망을 보여주는 지도이다. 사거리 교차로
가 있는 아홉 군데 모두를 찾으라.

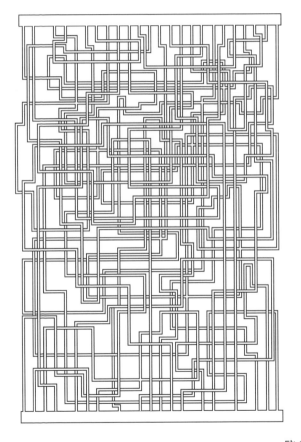

답: 193쪽

다음 그림들은 각각 일정한 숫자(0에서 9)를 의미한다. 보기 A~J 중 물음표에 들어갈 적당한 그림은 어느 것일까?

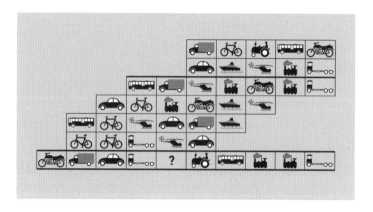

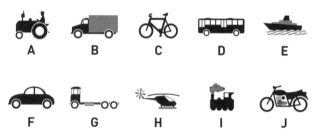

답: 194쪽

문제
052

보기 A~E 중 나머지와 다른 하나는 어느 것일까?

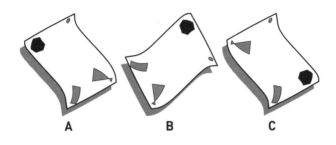

A   B   C

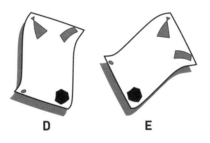

D   E

답: 194쪽

63

보기 A~E 중 물음표에 들어갈 적당한 그림은 어느 것일까?

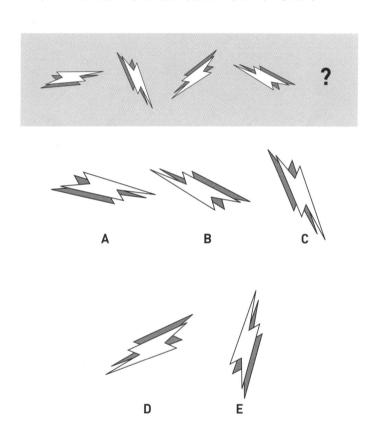

답: 194쪽

보기 A~F 중에서 다음 관계에 걸맞은 것은 어느 것일까?

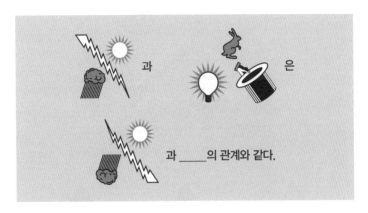

과 _____의 관계와 같다.

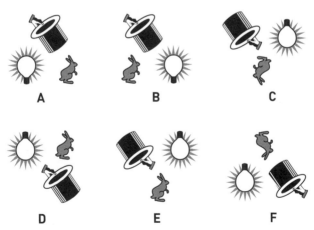

A   B   C

D   E   F

답: 194쪽

다음 피라미드를 펼친다면 보기 A~F 중 어느 전개도가 될까?

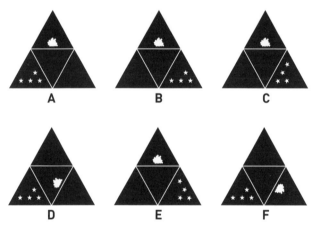

A

B

C

D

E

F

답: 194쪽

보기 A~J 중 다른 8개와는 모양이 다른 한 쌍이 있다. 어느 것과 어느 것일까?

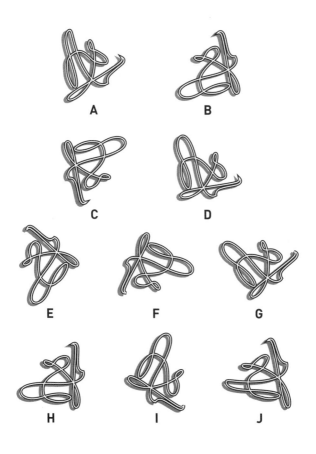

답: 194쪽

검은 점은 고정된 선회축을 의미하며, 사각형은 움직일 수 있는 핀
으로 연결된 것을 뜻한다. 손가락이 가리키는 방향으로 민다면 마
지막에 연결된 짐은 올라갈까? 내려갈까?

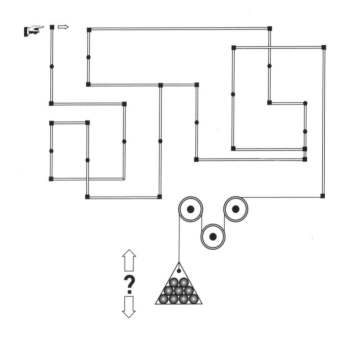

답: 194쪽

보기 A~D 중 나머지와 다른 하나는 어느 것일까?

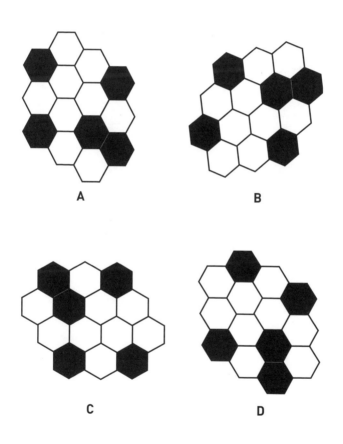

A

B

C

D

답: 194쪽

주어진 정보를 활용하여 각 그림이 가진 값을 계산하고 물음표에
는 그림의 합계를 구하라.

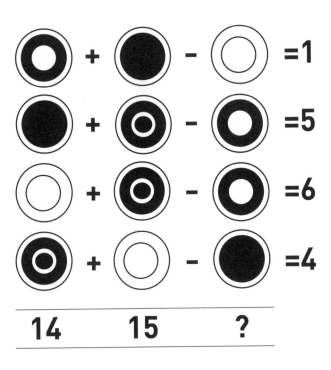

문제 060

보기 A~D 중 나머지와 다른 하나는 어느 것일까?

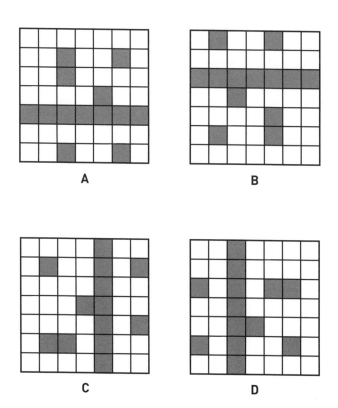

A

B

C

D

답: 195쪽

보기 A~D 중 물음표에 들어갈 적당한 그림은 어느 것일까?

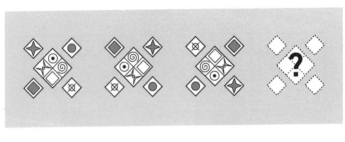

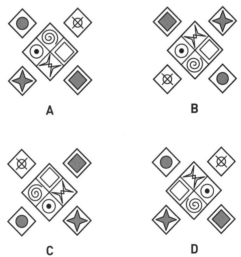

A

B

C

D

답: 195쪽

보기 A~F 중 다음 그림과 똑같은 그림은 어느 것일까?

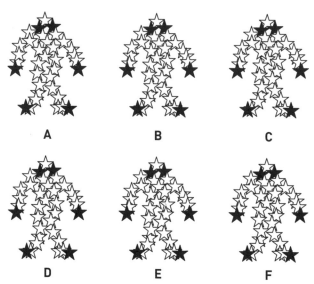

A   B   C

D   E   F

답: 195쪽

보기 A~D 중에서 다음 관계에 걸맞은 것은 어느 것일까?

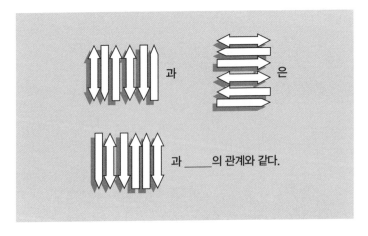

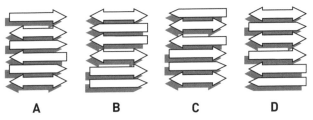

A   B   C   D

답: 195쪽

아래 상자를 펼치면 보기 A~D 중 어느 전개도가 될까?

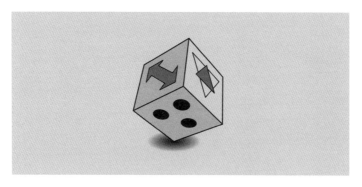

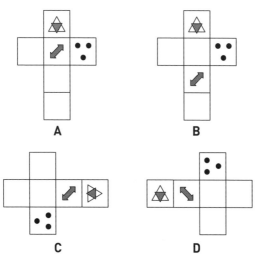

A

B

C

D

답: 195쪽

보기 A~H 중 나머지와 다른 하나는 어느 것일까?

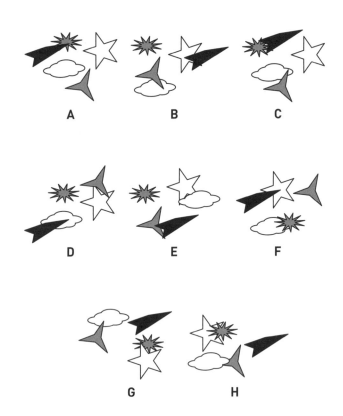

답: 196쪽

그림 B에서 그림 A와 다른 곳을 열 군데 찾으라.

답: 196쪽

보기 A~E 중 물음표에 들어갈 적당한 그림은 어느 것일까?

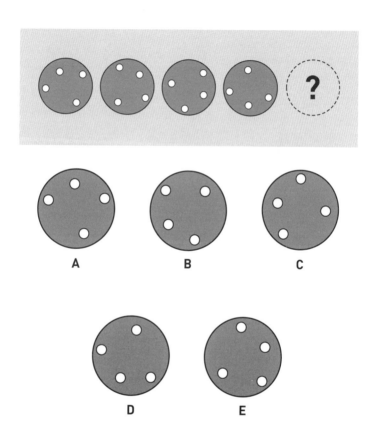

A

B

C

D

E

답: 196쪽

직선 3개로 아래 그림을 4개의 구역으로 나누라. 단, 한 구역에 뱀, 북, 구름이 4개씩, 또 다른 구역들에는 각각 5개씩, 6개씩, 7개씩 들어가야 한다. 직선은 그림의 가장자리 끝까지 가지 않아도 된다.

답: 196쪽

곰, 말, 독수리, 물고기에 각기 주어진 값을 구하라. 보기 A~F 중 물음표에 들어갈 것은 어느 것일까? 각 동물은 각기 다른 값을 가지고 있으며, 어떤 동물은 다른 어떤 동물의 몇 배가 된다. 그중 가장 작은 값을 가진 동물을 1로 정하면 다른 동물들의 값도 정할 수 있다.

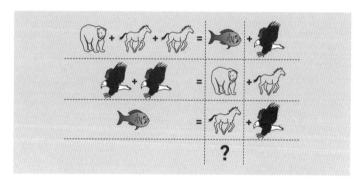

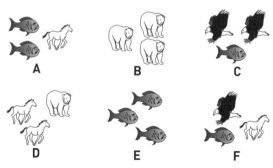

답: 197쪽

색칠한 곳에서 시작하여 출구까지 동물들에게 잡아먹히거나 부상을 당하지 않고 이동할 수 있을까? 경로를 그려보자. 방울뱀을 최대한 많이 잡을 수 있는 길을 그리는 것이 과제다. 단, 곰과 고양잇과의 맹수들은 자기 위치뿐 아니라 붙어 있는 구역까지 튀어나와 공격할 수 있으며, 한 번 거쳐 간 구역은 다시 밟을 수 없다.

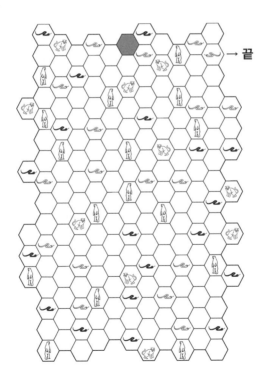

→ 끝

답: 197쪽

보기 A~H 중 나머지와 다른 하나는 어느 것일까?

답: 198쪽

A~Z 중 어느 줄을 골라야 다이아몬드에 이르게 될까?

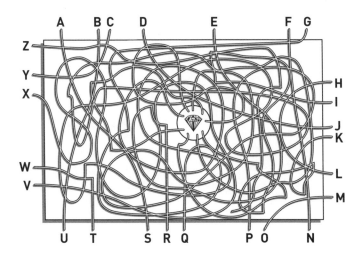

답: 198쪽

보기 A~D 중 나머지와 다른 하나는 어느 것일까?

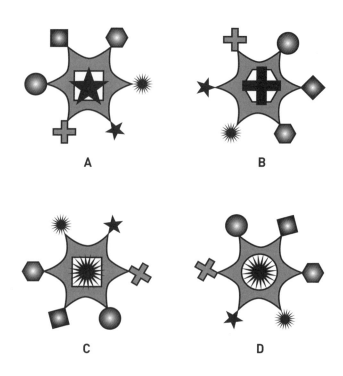

A

B

C

D

답: 198쪽

보기 A~F 중 물음표에 들어갈 적당한 그림은 어느 것일까?

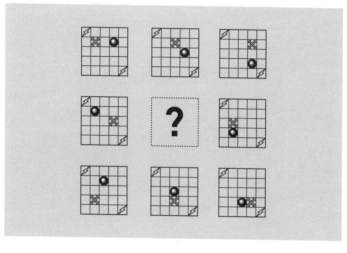

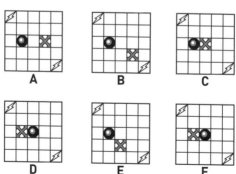

답: 198쪽

보기 A~E 중 물음표에 들어갈 적당한 그림은 어느 것일까?

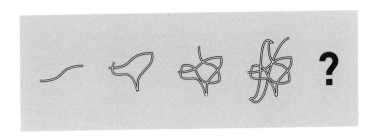

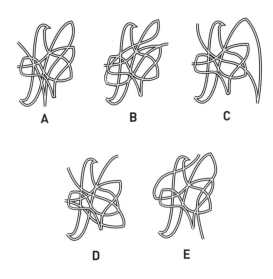

A   B   C

D   E

아래 있는 상자를 펼친다면 보기 A~D 중 어느 전개도가 될까?

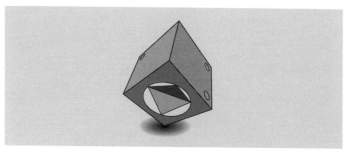

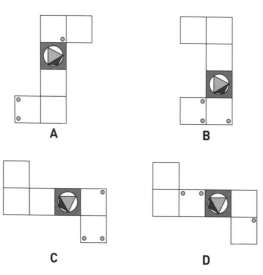

A

B

C

D

답: 199쪽

보기 A~D 중 나머지와 다른 하나는 어느 것일까?

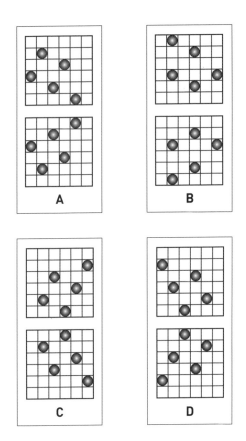

A

B

C

D

답: 199쪽

보기 A ~ F 중 물음표에 들어갈 적당한 그림은 어느 것일까?

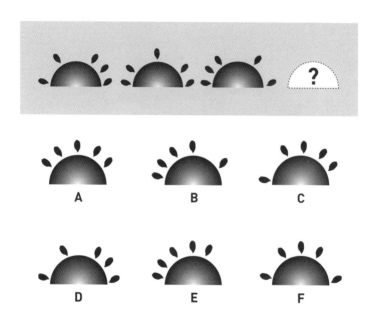

답: 199쪽

아래 연속된 그림의 다음 차례에 올 그림은 보기 A~E 중 어느 것
일까?

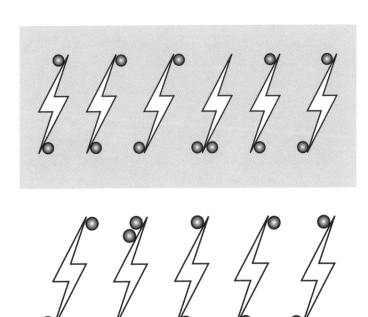

보기 A~D 중 나머지와 다른 하나는 어느 것일까?

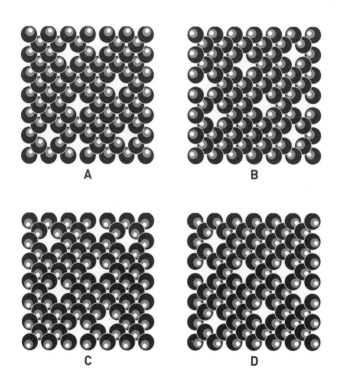

답: 199쪽

패턴을 완성하려면 물음표에 들어갈 배열은 보기 A~F 중 어느 것일까?

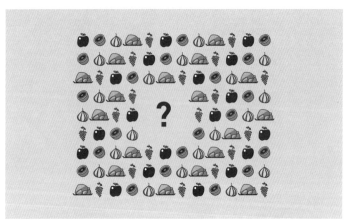

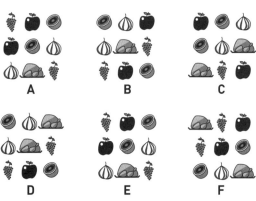

답: 199쪽

보기 A~D 중 나머지와 다른 하나는 어느 것일까?

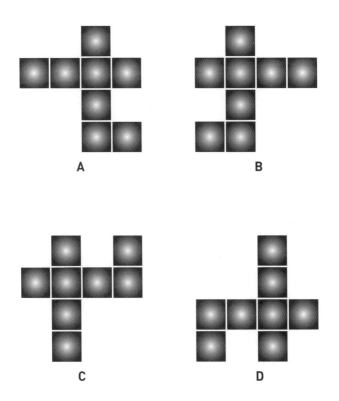

답: 199쪽

패턴을 완성하려면 물음표에 들어갈 타일은 보기 A~F 중 어느 것
일까?

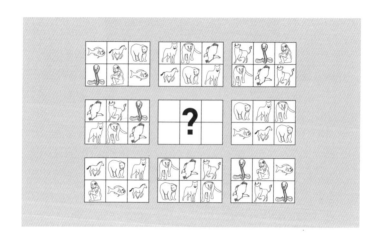

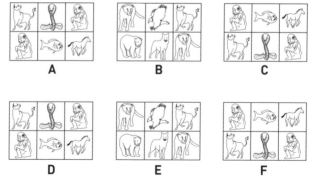

A   B   C

D   E   F

답: 199쪽

보기 A~F 중 물음표에 들어갈 적당한 그림은 어느 것일까?

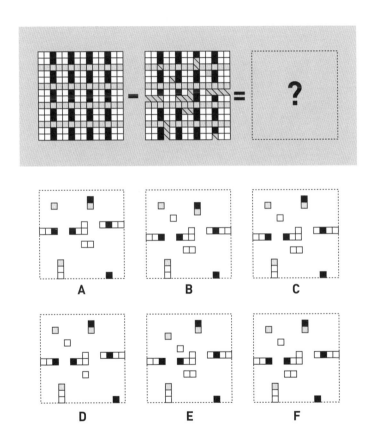

보기 A~D 중 나머지와 다른 하나는 어느 것일까?

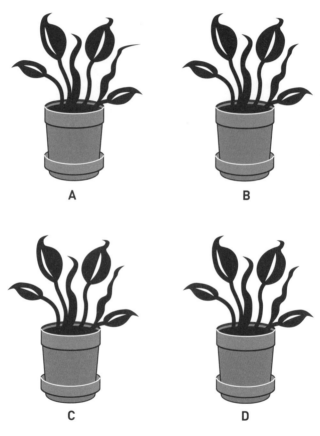

A

B

C

D

답: 200쪽

연속된 그림에서 물음표에 들어갈 그림은 보기 A~D 중 어느 것일까?

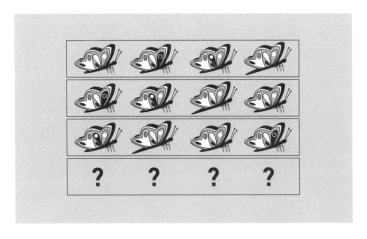

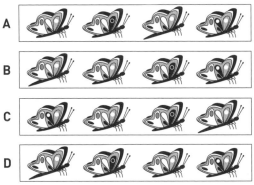

답: 200쪽

검은 점은 고정된 회전축을 의미하며, 십자 표시는 움직일 수 있는 핀으로 연결된 것을 뜻한다. 손가락이 가리키는 방향으로 민다면 연결된 원통 A와 B는 올라갈까? 내려갈까?

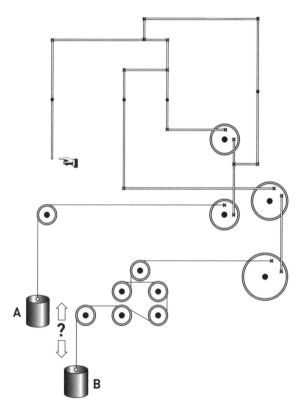

답: 200쪽

보기 A~E 중 나머지와 다른 하나는 어느 것일까?

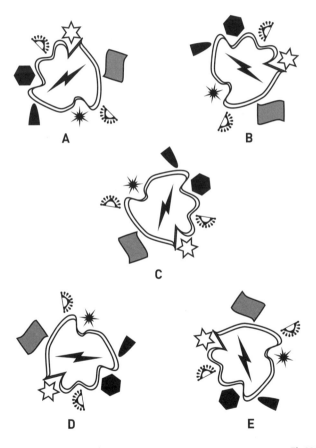

A

B

C

D

E

직선 3개로 아래 그림을 6개의 구역으로 나누라. 단, 각 구역마다 물고기 1마리, 깃발 1개는 꼭 들어가야 한다. 번개와 북은 각 구역에 각각 5개, 4개, 3개, 2개, 1개가 들어가고 하나도 안 들어가는 구역도 있다. 직선은 그림의 가장자리 끝까지 가지 않아도 된다.

답: 201쪽

다음 그림들은 각각 일정한 숫자(0에서 9)를 의미한다. 보기 A~J 중 물음표에 들어갈 적당한 그림은 어느 것일까?

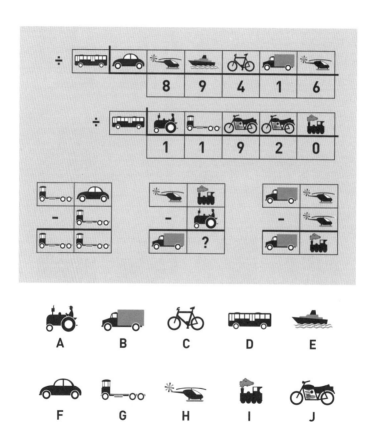

A B C D E

F G H I J

보기 A~D 중 물음표에 들어갈 적당한 그림은 어느 것일까?

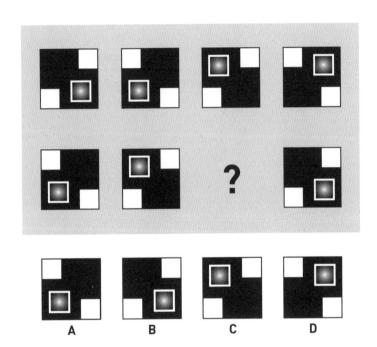

도르래와 벨트로 연결된 복잡한 장치에서 손잡이를 표시된 방향
으로 돌린다면 짐 A와 B는 어떻게 될까? 어느 것이 올라가고 어느
것이 내려갈까?

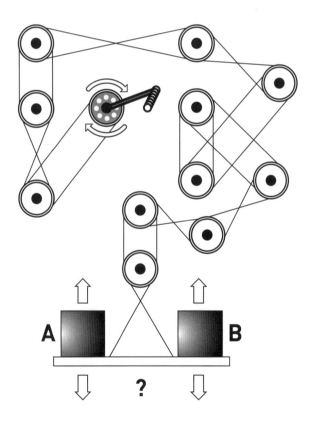

답: 201쪽

보기 A~D 중 물음표에 들어갈 적당한 그림은 어느 것일까?

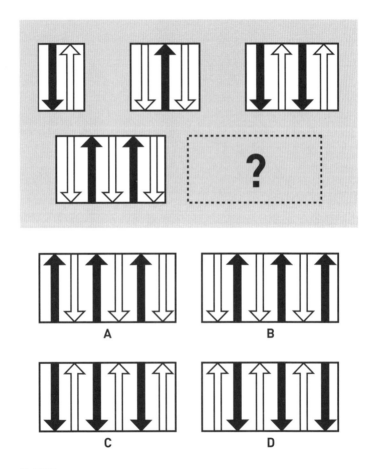

답: 201쪽

보기 A~E 중 물음표에 들어갈 적당한 그림은 어느 것일까?

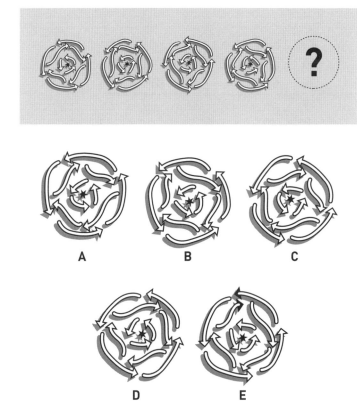

답: 202쪽

보기 A ~ E 중에서 다음 관계에 걸맞은 것은 어느 것일까?

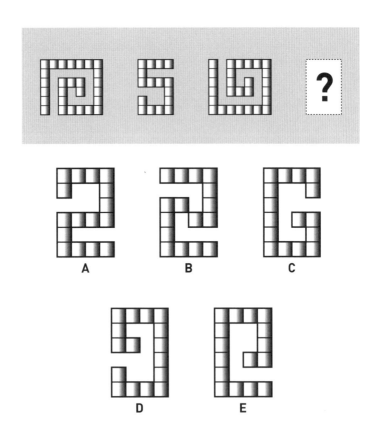

A

B

C

D

E

답: 202쪽

보기 A~E 중 나머지와 다른 하나는 어느 것일까?

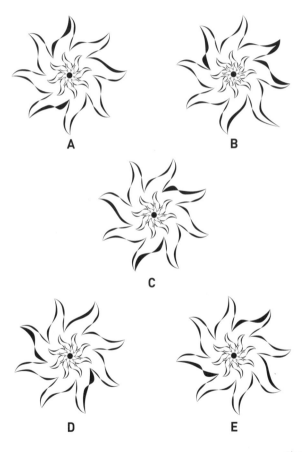

답: 202쪽

그림 B에서 그림 A와 다른 곳을 열네 군데 찾으라.

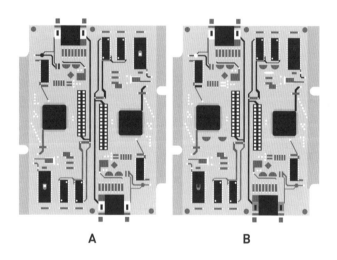

A

B

답: 202쪽

문제 098

보기 A~D 중 물음표에 들어갈 적당한 그림은 어느 것일까?

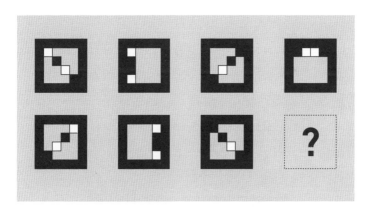

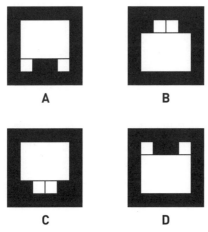

답: 203쪽

109

어느 도시의 도로망을 보여주는 지도이다. 왼쪽에서 오른쪽으로 이어지며 끊기지 않는 도로는 어느 길일까? 지도에 표시하라.

답: 203쪽

아래 그림에서 가운데 있는 조각 위에 딱 들어맞는 조각은 보기 A~F 중 어느 것일까?

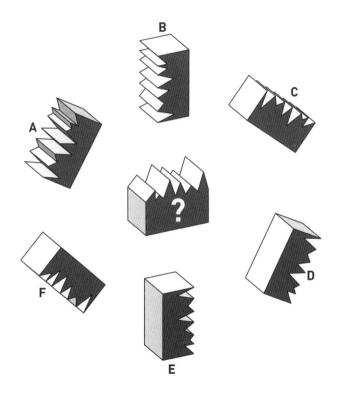

보기 A~G 중 나머지와 다른 하나는 어느 것일까?

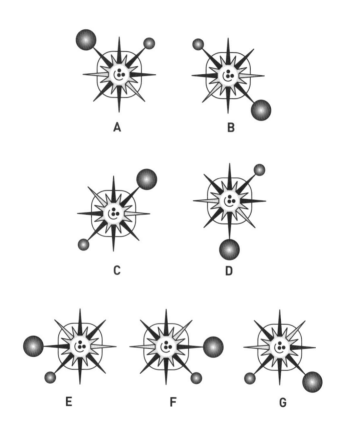

답: 204쪽

문제
102

물음표 자리에 들어갈 입체 도형은 어느 것일까?

답: 204쪽

문제
103

다음 상자를 펼친다면 보기 A~D 중 어느 전개도가 될까?

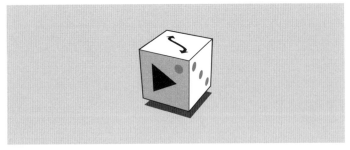

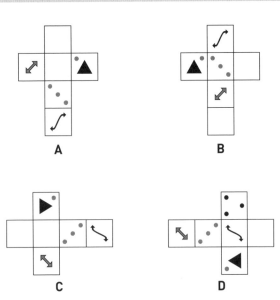

A

B

C

D

답: 205쪽

보기 A~D 중에서 다음 관계에 걸맞은 것은 어느 것일까?

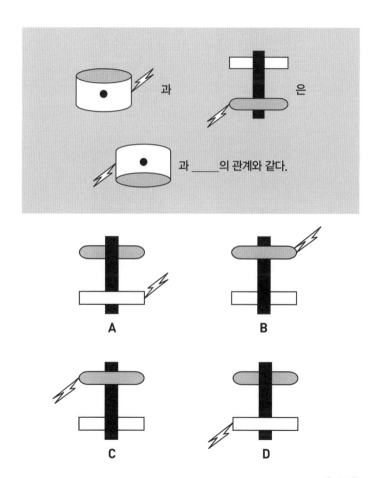

A

B

C

D

답: 205쪽

보기 A~H 중 나머지와 다른 하나는 어느 것일까?

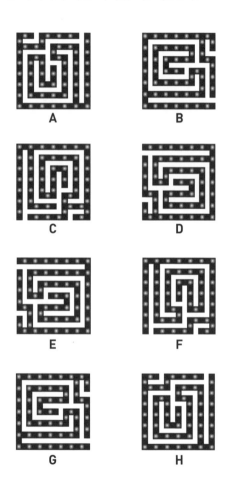

답: 205쪽

검은 점은 고정된 회전축을 의미하며, 십자 표시는 움직일 수 있는 핀으로 연결된 것을 뜻한다. 손잡이를 표시된 방향으로 돌린다면 연결된 원통 A와 B는 올라갈까? 내려갈까?

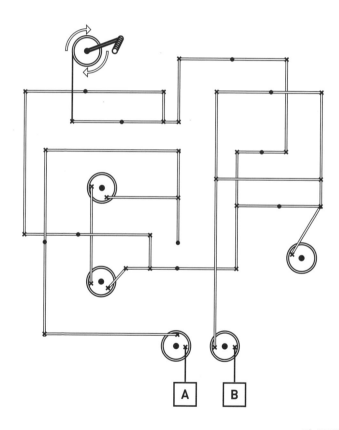

답: 205쪽

보기 A~D 중 상자 안에 있는 그림과 똑같은 그림은 어느 것일까?

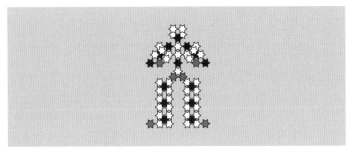

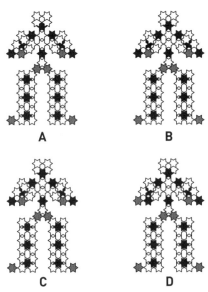

답: 205쪽

보기 A~H 중 나머지와 다른 하나는 어느 것일까?

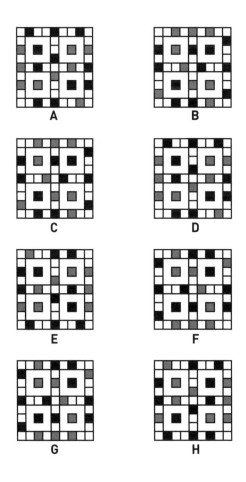

답: 205쪽

직선 5개로 아래 그림을 6개의 구역으로 나누라. 단, 각 구역마다 침팬지 1마리, 코알라 1마리, 뱀 3마리, 개 4마리, 별 5개가 들어가야 한다. 직선은 그림의 가장자리 끝까지 가지 않아도 된다.

답: 206쪽

보기 A~D 중 나머지와 다른 하나는 어느 것일까?

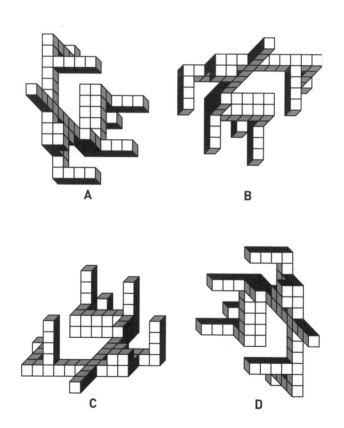

A

B

C

D

답: 206쪽

보기 A~E 중 물음표에 들어갈 적당한 그림은 어느 것일까?

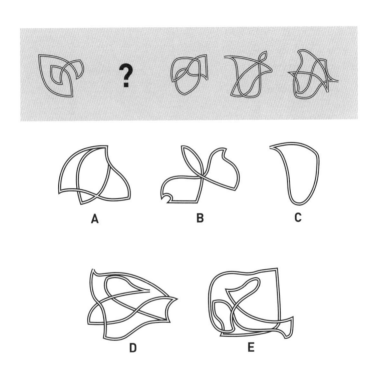

A

B

C

D

E

보기 A~H 중에서 다음 관계에 걸맞은 것은 어느 것일까?

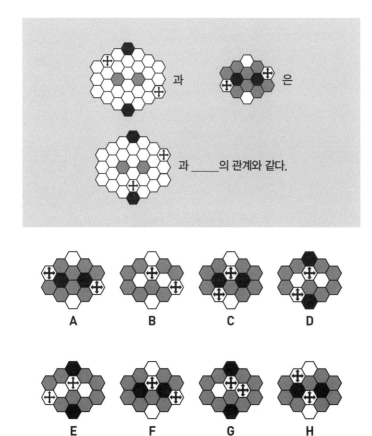

답: 206쪽

다음 그림에서 검은 블록은 하얀 블록보다 세 배 더 무겁다. 검은 블록을 어느 쪽에 놓아야 균형을 이루게 될까?

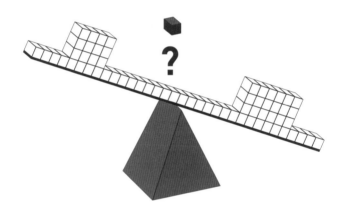

답: 207쪽

보기 A~D 중 나머지와 다른 하나는 어느 것일까?

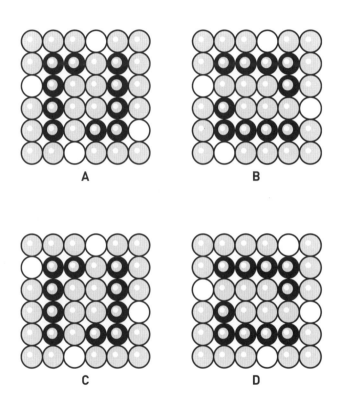

답: 207쪽

다음 그림에서 자동차 뒤에 숨겨진 말과 마차를 열 개 찾으라.

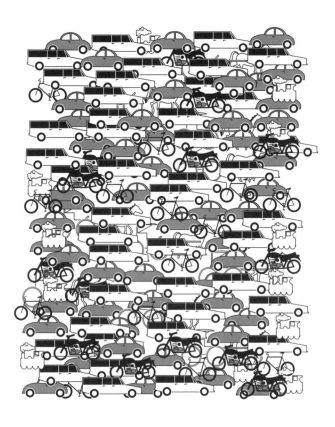

답: 207쪽

보기 A~D 중 나머지와 다른 하나는 어느 것일까?

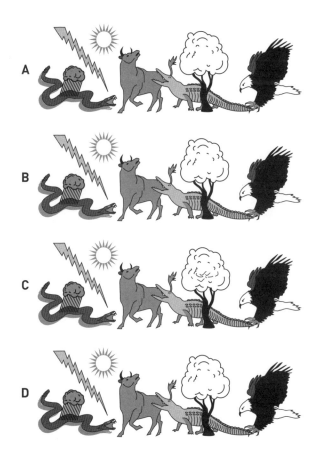

답: 207쪽

보기 A~E 중 물음표에 들어갈 적당한 그림은 어느 것일까?

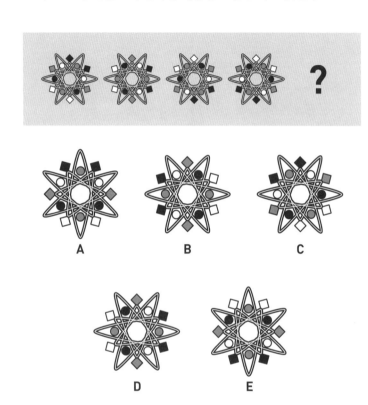

다음 피라미드를 펼친다면 보기 A~F 중 어느 전개도가 될까?

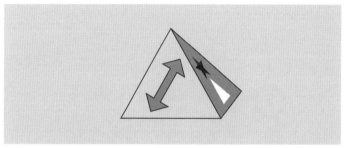

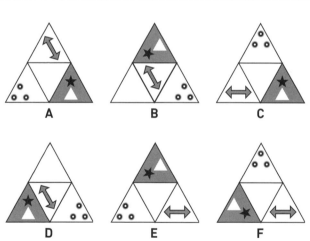

답: 208쪽

검은 점은 고정된 선회축을 의미하며, 십자 표시는 핀으로 연결된 것을 뜻한다. 손잡이를 표시된 방향으로 돌린다면 연결된 짐 A와 B는 올라갈까 내려갈까?

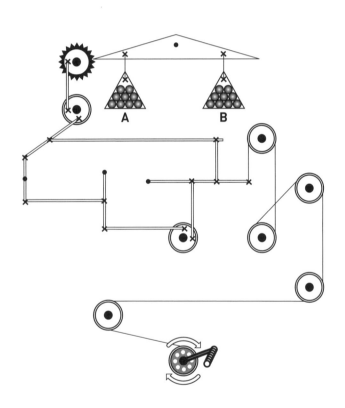

답: 208쪽

아래 그림에서 가운데 있는 조각 위에 딱 들어맞는 조각은 보기 A~F 중 어느 것일까?

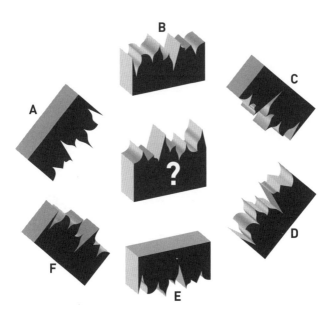

보기 A~D 중 물음표에 들어갈 적당한 그림은 어느 것일까?

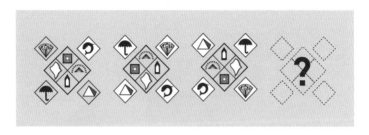

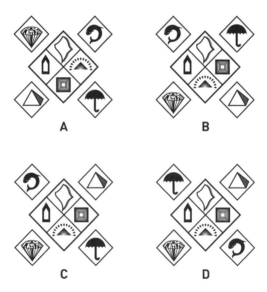

답: 208쪽

보기 A~F 중 물음표에 들어갈 적당한 그림은 어느 것일까?

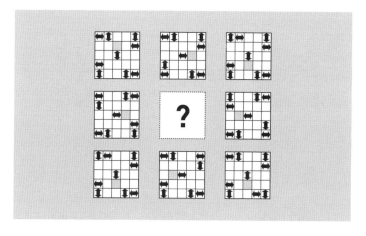

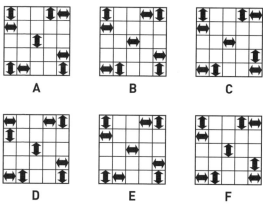

A   B   C

D   E   F

답: 208쪽

보기 A~H 중 나머지와 다른 하나는 어느 것일까?

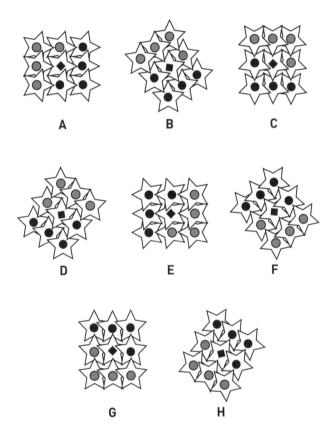

답: 208쪽

보기 A~H 중 같은 그림은 어느 것과 어느 것일까?

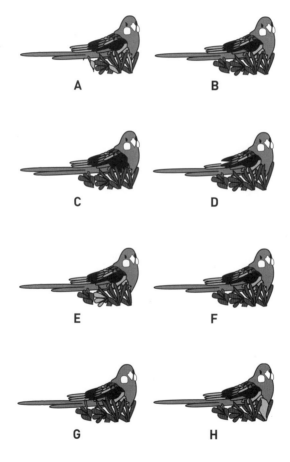

답: 209쪽

그림 B에서 그림 A와 다른 곳을 열다섯 군데 찾으라.

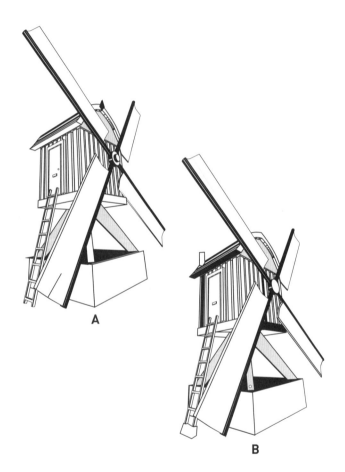

A

B

답: 209쪽

아래 패턴에서 빠진 부분은 보기 A~D 중 어느 것일까?

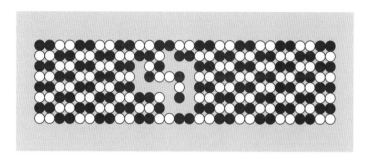

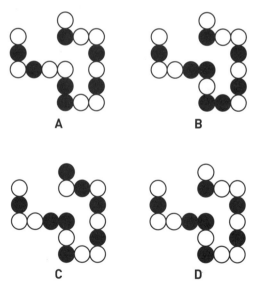

A   B

C   D

답: 209쪽

시작점에서 시작하여 다이아몬드에 이르는 길을 찾으라. 각 삼각
형의 보기 예를 보고 상하좌우로 꼭짓점이 가리키는 방향과 숫자
만큼 이동해야 한다. 예를 들어 시작점에 있는 삼각형은 오른쪽으
로 여섯 칸 이동해야 한다.

보기 A~F 중 물음표에 들어갈 적당한 그림은 차례대로 어느 것일까?

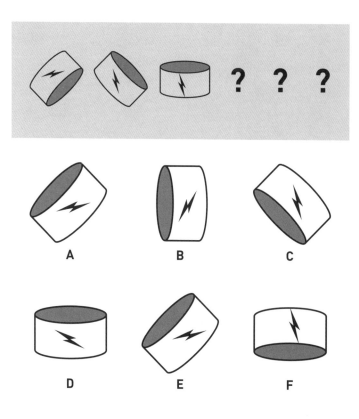

답: 210쪽

보기 A~D 중 나머지와 다른 하나는 어느 것일까?

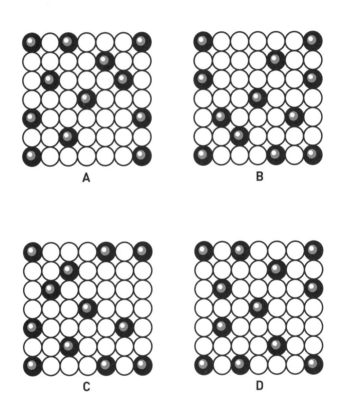

A

B

C

D

답: 210쪽

보기 A~E 중에서 다음 관계에 걸맞은 것은 어느 것일까?

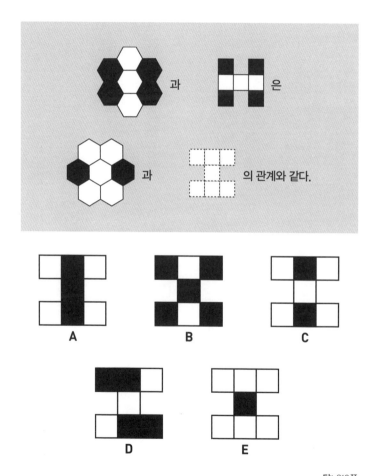

답: 210쪽

연속된 그림에서 다음에 올 그림은 보기 A~D 중 어느 것일까?

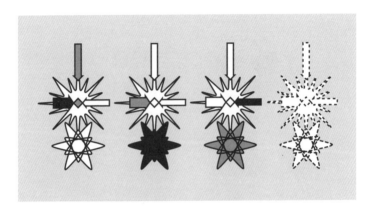

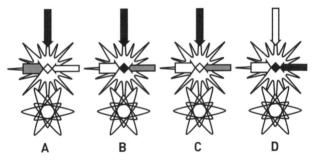

답: 211쪽

아래 패턴에서 빠진 그림은 보기 A~H 중 어느 것일까?

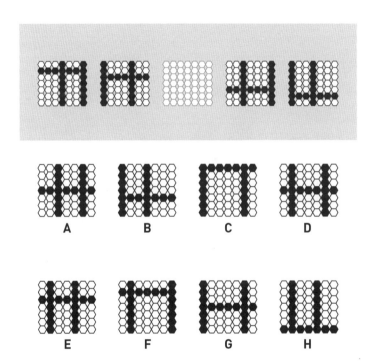

답: 211쪽

다음 그림의 코브라는 모두 몇 마리인가?

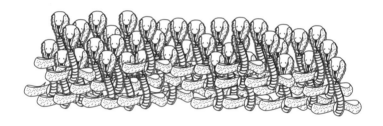

답: 211쪽

직선 3개로 아래 그림을 4개의 구역으로 나누라. 단, 각 구역에 있는 물건들은 정해진 값이 있고, 그 값을 모두 더하면 40이 되어야 한다. 직선은 그림의 가장자리 끝까지 가지 않아도 된다.

🍇	❄	✿	🌳	☀	🔥
0	**1**	**2**	**3**	**4**	**5**

답: 211쪽

보기 A~D 중 나머지와 다른 하나는 어느 것일까?

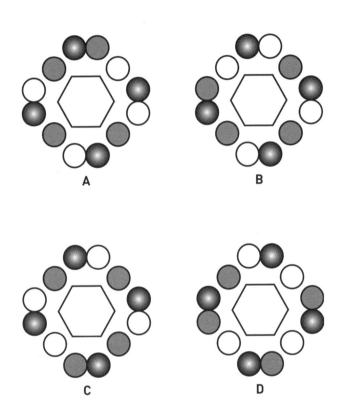

A

B

C

D

답: 211쪽

보기 A~H 중 나머지와 다른 하나는 어느 것일까?

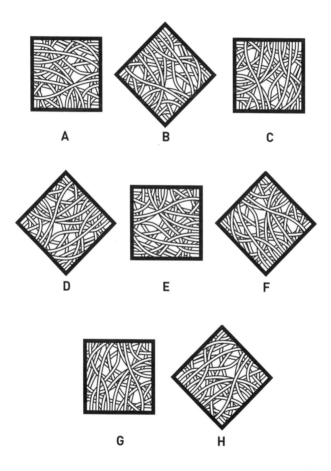

A   B   C

D   E   F

G   H

답: 212쪽

보기 A ~ F 중 나머지와 다른 둘은 어느 것과 어느 것일까?

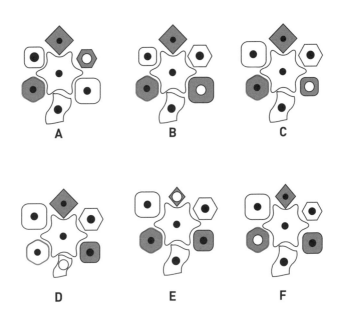

답: 212쪽

검은 점은 고정된 회전축을 의미하며, 십자 표시는 움직일 수 있는 핀으로 연결된 것을 뜻한다. 손잡이를 표시된 방향으로 돌린다면 연결된 짐 A와 B는 올라갈까? 내려갈까?

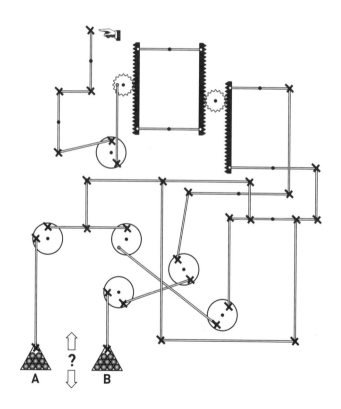

답: 212쪽

표범, 벼룩, 개, 토끼에게 주어진 값을 구하라. 보기 A~F 중 물음표에 들어갈 것은 어느 것일까? 각 동물은 각기 다른 값을 가지고 있으며, 어떤 동물은 다른 어떤 동물의 몇 배가 된다. 그중 가장 작은 값을 가진 동물을 1로 정하면 다른 동물들의 값도 정할 수 있다.

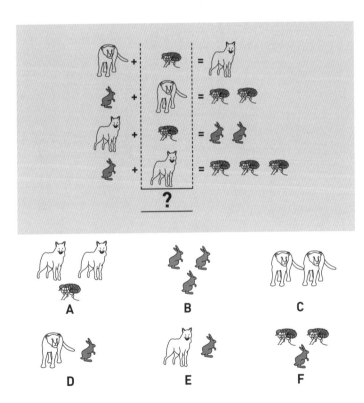

보기 A~D 중 나머지와 다른 하나는 어느 것일까?

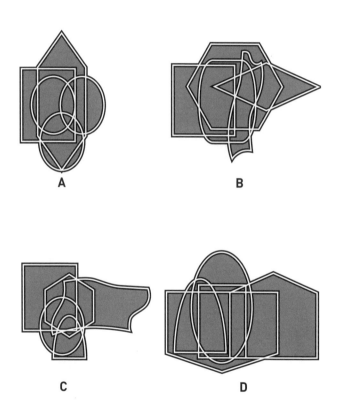

A

B

C

D

답: 213쪽

그림 B에서 그림 A와 다른 곳을 아홉 군데 찾으라.

A

B

답: 213쪽

보기 A~D 중에서 다음 관계에 걸맞은 것은 어느 것일까?

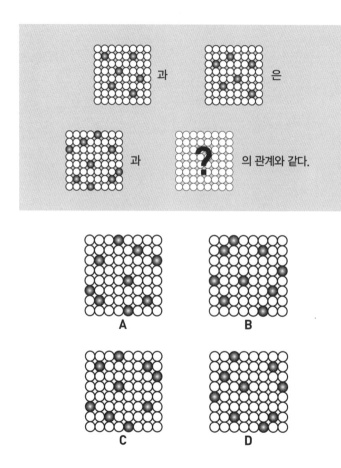

A

B

C

D

답: 213쪽

보기 A~E 중 물음표에 들어갈 적당한 그림은 어느 것일까?

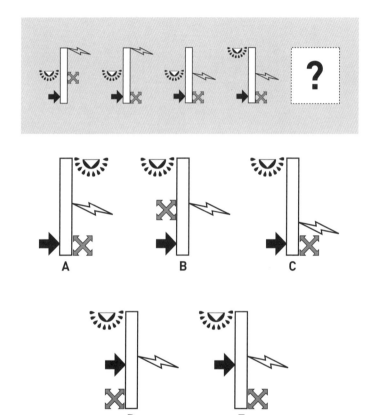

문제 144

어느 도시의 도로망을 보여주는 지도이다. 도시 외곽에서 다이아 몬드를 둘러싸고 있는 사각형 도로에 연결되는 길은 하나밖에 없다. 연결되는 길을 찾으라.

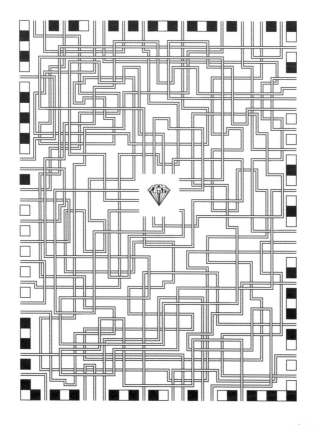

답: 214쪽

보기 A~D 중에서 나머지와 다른 하나를 찾으라. 보기 E~H 중에서도 나머지와 다른 하나를 찾으라.

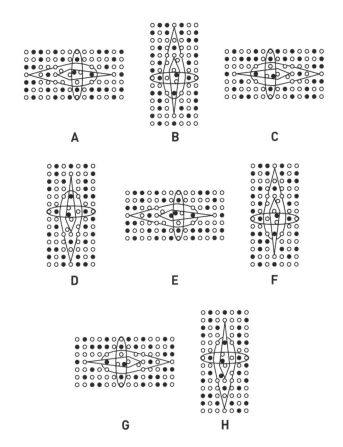

A   B   C

D   E   F

G   H

답: 214쪽

보기 A~D 중 나머지와 다른 하나는 어느 것일까?

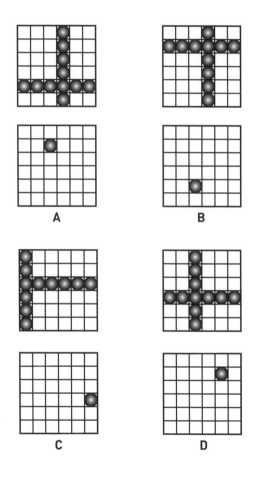

A

B

C

D

답: 214쪽

보기 A~F 중 물음표에 들어갈 적당한 그림은 어느 것일까?

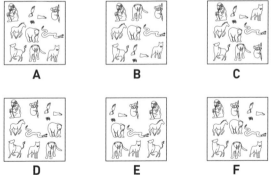

답: 215쪽

보기 A~D 중 나머지와 다른 하나는 어느 것일까?

A

B

C

D

답: 215쪽

문제
149

다음 육면체를 펼쳤을 때 보기 A~D 중 어느 전개도가 될까?

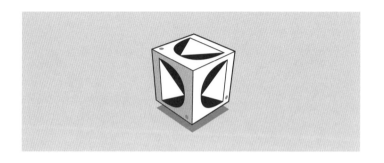

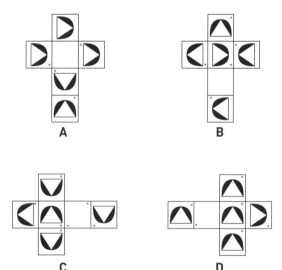

A

B

C

D

답: 215쪽

보기 A~D 중에서 다음 관계에 걸맞은 것은 어느 것일까?

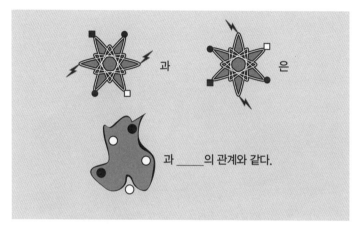

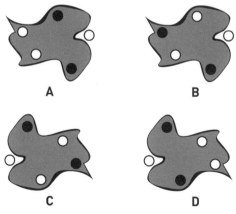

답: 215쪽

가운데 있는 벽돌을 직사각형으로 만들려면 보기 A~F 중 어느 조각이 필요할까?

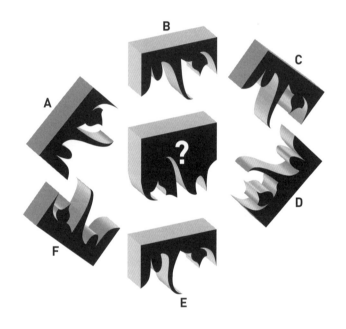

답: 215쪽

보기 A~E 중 나머지와 다른 하나는 어느 것일까?

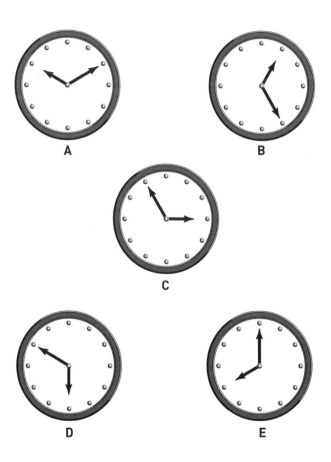

답: 216쪽

보기 A~D 중 나머지와 다른 하나는 어느 것일까?

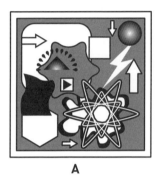

A

B

C

D

보기 A∼G 중 물음표에 들어갈 적당한 그림은 어느 것일까?

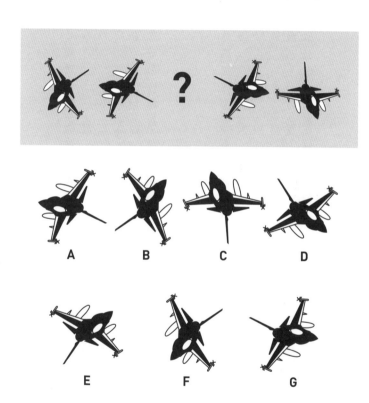

답: 216쪽

보기 A~D 중 나머지와 다른 하나는 어느 것일까?

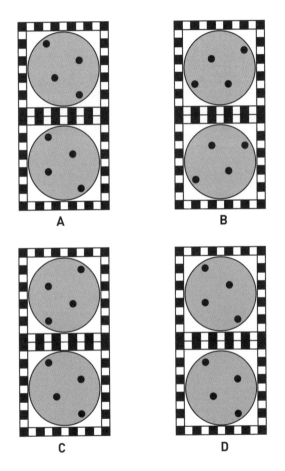

답: 216쪽

보기 A~F 중 물음표에 들어갈 적당한 그림은 어느 것일까?

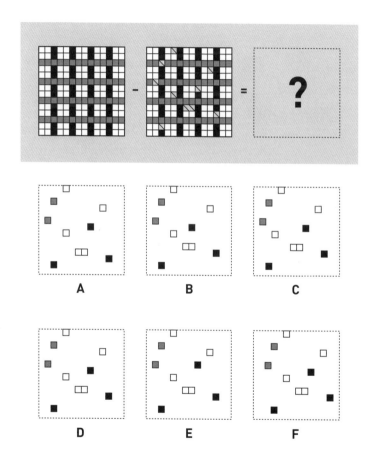

답: 216쪽

보기 A~E 중 나머지와 다른 하나는 어느 것일까?

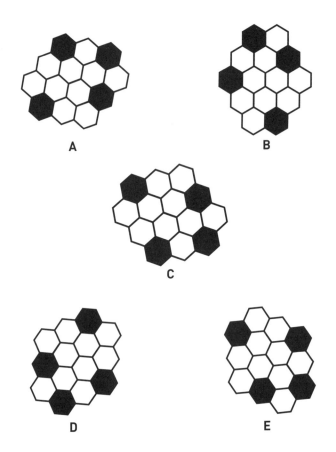

A

B

C

D

E

답: 216쪽

직선 4개로 아래 그림을 5개의 구역으로 나누라. 단, 각 구역마다
잠수부 1인, 물고기 3마리가 들어 있어야 하며, 물방울과 소라는
각 구역에 각각 4개, 5개, 6개, 7개, 8개가 들어가야 한다. 직선은
그림의 가장자리 끝까지 가지 않아도 된다.

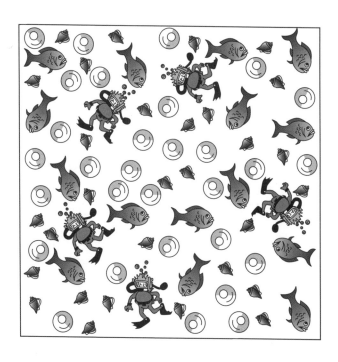

답: 217쪽

문제
159

보기 A~D 중 나머지와 다른 하나는 어느 것일까?

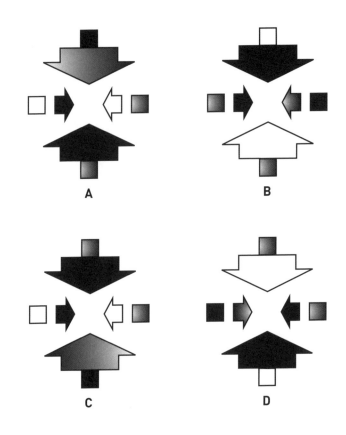

A

B

C

D

답: 217쪽

문제 160

보기 A~H 중 나머지와 다른 두 개는 어느 것과 어느 것일까?

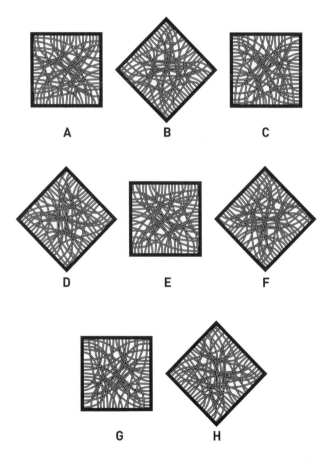

답: 217쪽

다음 그림에서 가운데 빈자리에 들어갈 그림은 보기 A~D 중 어느
것일까?

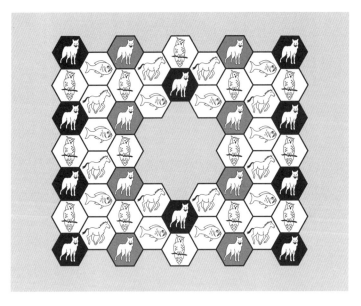

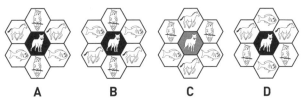

A　　**B**　　**C**　　**D**

답: 218쪽

그림과 같은 경사로에서 공을 놓는다면 공이 제일 나중에 멈춰 서게 되는 곳은 보기 A~E 중에서 어디가 될까?

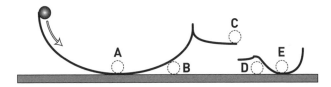

답: 218쪽

검은 점은 고정된 회전축을 의미하며, 십자 표시는 움직일 수 있는 핀으로 연결된 것을 뜻한다. 손잡이를 표시된 방향으로 돌린다면 연결된 짐 A와 B는 어느 방향으로 갈까?

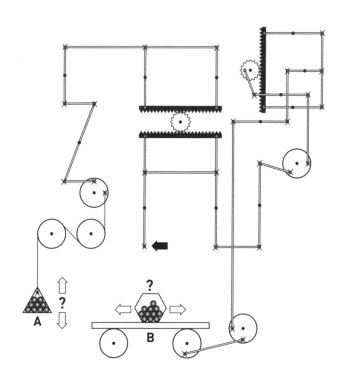

답: 218쪽

보기 A~F 중에서 다음 관계에 걸맞은 것은 어느 것일까?

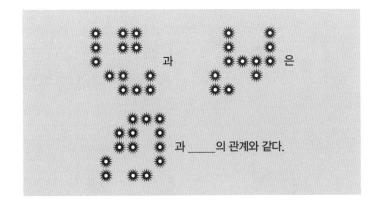

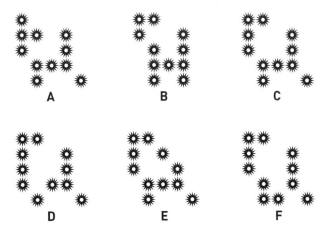

A   B   C

D   E   F

답: 218쪽

175

보기 A~D 중 물음표에 들어갈 적당한 그림은 어느 것일까?

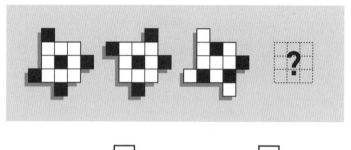

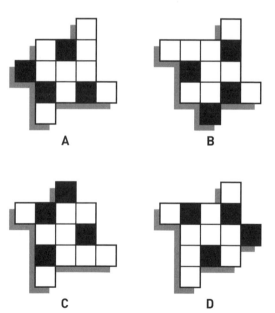

A

B

C

D

답: 218쪽

보기 A~D 중 나머지와 다른 하나는 어느 것일까?

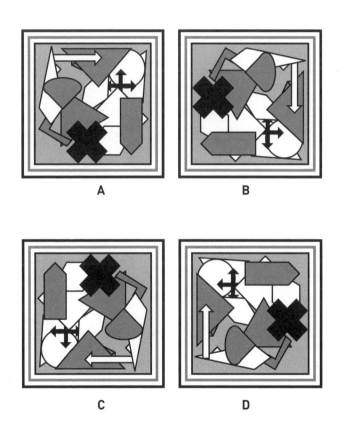

A

B

C

D

답: 218쪽

다음 그림들은 각각 일정한 숫자(0에서 9)를 의미한다. 보기 A~J
중 물음표에 들어갈 적당한 그림은 어느 것일까?

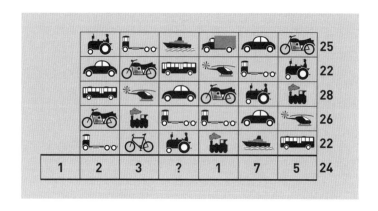

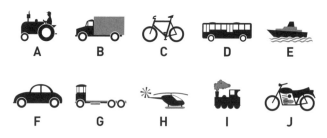

답: 219쪽

그림 B에서 그림 A와 다른 곳을 열일곱 군데 찾으라.

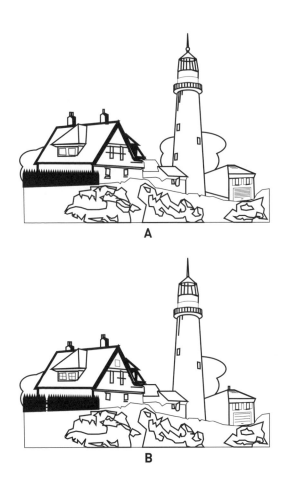

A

B

답: 219쪽

보기 A~H 중 나머지와 다른 하나는 어느 것일까?

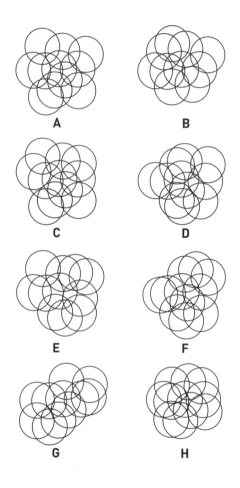

A

B

C

D

E

F

G

H

답: 219쪽

보기 A~D 중 물음표에 들어갈 적당한 그림은 어느 것일까?

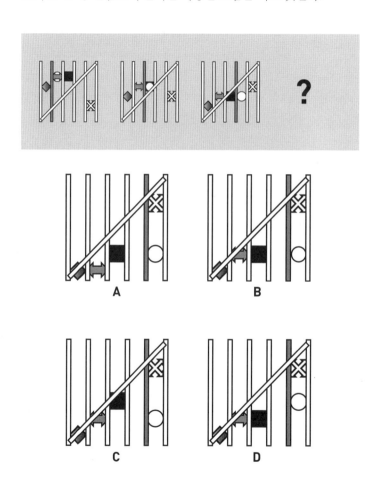

답: 219쪽

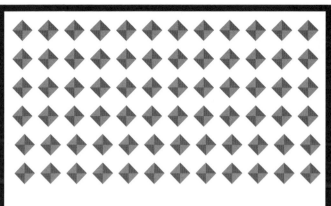

해답

Mensa Visual Brainteasers

001

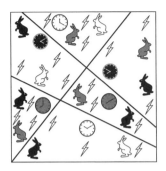

002

212개

잘 보면 네 개의 덩어리가 똑같으며, 각 53개씩이다.

003

A와 F

B는 아래 날개 밑 부분에 흰색 줄무늬가 들어 있고,

C는 아래 날개 옆에 흰색 줄무늬가 들어 있고,

D는 더듬이가 짧고,

E는 아래 날개 밑 부분에 흰색 줄무늬가 가늘게 들어 있다.

004

B

B는 거울상이다.

A

수평 방향과 수직 방향으로 8개의 무늬가 차례로 반복된다.

D

별의 위치가 반대 방향에 있다.

C

펭귄의 부리가 약간 더 벌어져 있다.

E

먼지는 진공청소기로 청소한다.

B

다이아몬드 도형 위에 붙은 검은 점의 위치가 나머지와 다르다.

010 14개

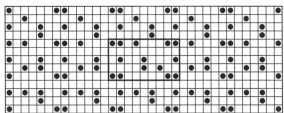

011 내려간다.

012 B와 C

013 빌리
빌리의 땅이 가늘고 길게 늘어서 있기 때문에 울타리의 길이가
제일 길다.

014 A와 B, C와 D

015 B
회전 방향이 나머지와 정반대인 거울상이다.

016

017

018

A
아래쪽에 있는 별과 톱니바퀴의 위치가 서로 바뀌었다.

019

C
C만 거울상이다.

020

157개

```
          1   2   3   4
  5   6   7   8   9  10  11  12  13  14
 15  16  17  18  19  20  21  22  23  24  25
 26  27  28  29  30  31  32  33  34  35  36  37
 38  39  40  41
         42  43  44          45
         46  47  48          49  50
 51  52  53  54  55  56  57  58  59
 60  61  62  63  64  65  66  67  68  69  70
 71  72  73  74  75  76  77  78  79  80  81
 82  83  84  85  86  87  88  89  90  91  92  93
     94  95  96  97  98  99 100 101 102 103 104
        105 106 107 108 109 110 111 112 113 114
        115                 116
        117         118     119 120 121     122 123 124
125 126             127                 128
129 130             131         132         133 134
135 136     137 138         139             140 141
        142 143 144     145 146 147 148 149
        150 151 152 153     154 155 156 157
```

021

D

D는 점선이 시계 방향으로 나선형으로 돌아나가고, 나머지는 시계 반대 방향이다.

022

C

타원을 제외한 다른 도형들은 시계 방향으로 90도씩 돌아간다.

023

H

손잡이 부분의 모양이 같으면서 방향이 같은 것은 H 하나뿐이다.

024

C

아랫부분에 있는 번개 모양과 화살표 모양의 위치가 다르다.

025

E

뱀 오른쪽 상단에 있는 까만 꽃의 가운데 하얀 부분이 나머지보다 크다.

026 E
더해지는 그림이 시계 반대 방향으로 90도 틀어져서 빈칸에 들어간다.

027 D

028 A
가운데 부분을 180도 돌린 모양이다.

029

030 C와 E
C와 E는 나머지 그림에 대한 거울상이다.

031
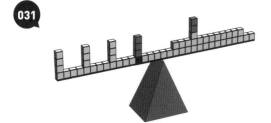

032 B
검은 다이아몬드의 위치가 다르다.

033 두 번째 세로줄 세 번째 나비와 세 번째 세로줄 다섯 번째 나비가
서로 같다.

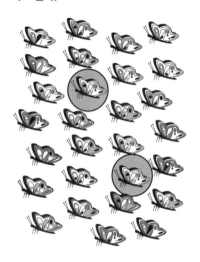

034 H
세로줄들이 오른쪽으로 한 칸씩 이동한다. 끝에 다다르면, 왼쪽
끝으로 돌아간다.

035 31마리

036 D
시계 방향으로 90도 돌면서 흑백이 뒤바뀐다.

037

D와 E

D와 E는 다른 세 개에 대한 거울상이다.

038

D

똑같이 보여도 펭귄의 꼬리 부분이 차이가 있으며, 한 칸마다 펭귄들의 위치가 오른쪽으로 한 칸씩 이동하고 있다.

039

C

연속된 세 점은 일직선을 이루면서 45도씩 시계 방향으로 돌고 있다. 따라서 다음 그림에서는 4시 반 방향을 이룬다. 떨어진 점 하나는 세 점을 이루는 선과 135도를 이루면서 따라가고 있다.

040

올라간다.

041

A

떨어지는 위치가 다르긴 하지만 땅에 닿는 시간은 같다. 공중에 머무르는 시간은 중력의 영향으로 같다. 포탄이 수평 방향으로 발사되었기 때문에 수직 방향으로 떨어지는 가속도는 같다.

042

B

B만 거울상이다.

043

서로 멀어진다.

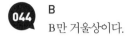
B

B만 거울상이다.

045 **D**

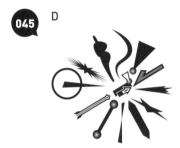

046

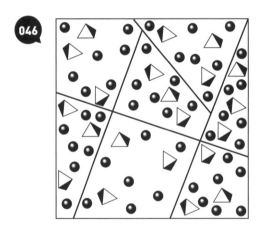

047 **C**

셋째 줄은 첫째 줄과 순서가 같고, 넷째 줄은 둘째 줄과 순서가 같다.

048 A와 F, B와 C, D와 E

049 A
A만 거울상이다.

050

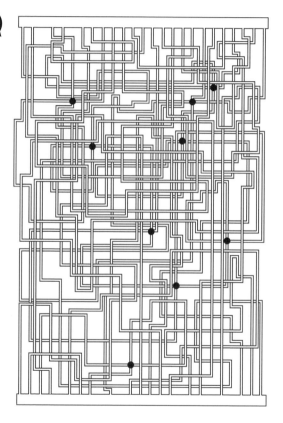

051 빠진 기호는 G. 짐을 싣지 않은 트레일러이며, 그 값은 0이다.

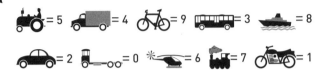

052 C
작은 타원과 사각형의 위치가 바뀌어 있다.

053 E
모양이 시계 방향으로 75도씩 돌고 있다.

054 F
두 개의 도형이 180도 뒤집혔고, 하나는 형태를 유지한다.

055 A

056 A와 J
꼬인 상태가 나머지와 다르다.

057 올라간다.

058 A
A만 거울상이다.

059 13

 = 2   = 4

 = 3   = 5

060 C

블록의 위치가 나머지와 다르다. 오른쪽 아래 두 개의 블록과 가운데 하나의 블록이 한 칸씩 내려와 있다.

061 D

안쪽 도형들은 시계 방향으로, 바깥쪽 도형들은 시계 반대 방향으로 돌고 있다.

062 F

나머지는 다른 점이 하나 이상 있다.

063 C

시계 방향으로 90도 돌린다.

064 D

065 A

A만 도형이 겹치는 곳이 하나이고, 나머지는 두 군데이다.

066

067 B

점들이 시계 방향으로 72도씩 돌아가고 있다.

068

069

C

곰 5, 말 1, 물고기 4, 독수리 3이다.

합계는 5 + 1 + 1 = 7 = 4 + 3

   3 + 3 = 6 = 5 + 1

   4   = 1 + 3

   ? = 4 + 5 + 1 = 10

   C = 3 + 3 + 4 = 10

070

그림의 경로를 따라가면 방울뱀 17마리를 거둘 수 있다.

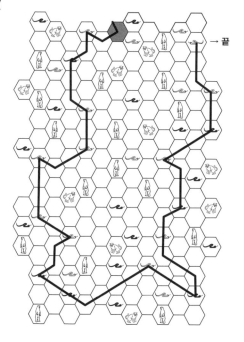

071
F
눈썹이 없다.

072
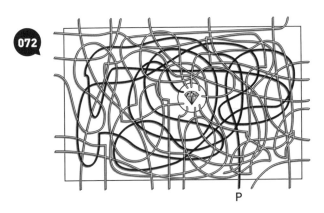

073
C
11시와 5시 방향의 도형을 중앙에 가져와 확대해서 겹쳐 놓았다.
C는 동그라미가 아니라 7시 방향에 있는 네모를 확대해 놓았다.

074
C
동그라미는 두 번째 줄, 세 번째 줄, 네 번째 줄로 차례로 내려가고, X는 4번째 열, 3번째 열, 2번째 열로 차례로 왼쪽으로 옮겨간다.

075
B
오른쪽으로 가면서 두 개의 곡선이 앞 그림에서 선이 끝난 곳에서 시작한다.
첫 번째 곡선이 기존 모양을 통과하여 새로운 모양을 만든 뒤 다시 기존 모양을 통과한다.

076 D

077 B

078 B
단계마다 불꽃이 한 칸씩 시계 방향으로 회전한다.

079 A
구슬이 번갈아 시계 방향으로 자리를 옮긴다.

080 D
나머지는 모두 동일한 배열을 이루며 회전하는 데 비해 D는 공한 줄이 잘못 놓여져 있다.

081 C
음식의 순서는 사과, 자몽, 마늘, 닭고기, 포도이다.

082 B
B는 거울상이다.

083 C
물고기 → 말 → 곰 → 늑대 → 사자 → 독수리 → 소 → 코브라 → 원숭이 → 물고기의 순이다.

084 C

오른쪽 빗금 친 위치의 무늬를 왼쪽에서 찾아서 그 위치에 남기면 된다.

085 A

086 B

왼쪽으로 같은 무늬를 가진 나비가 한 칸씩 이동한다.

087 A, B 둘 다 내려간다.

088 B

태양의 위치가 서로 반대쪽으로 바뀌어 있다.

089

090 H

 = 8    = 1    = 9    = 7    = 5

 = 6    = 3    = 2    = 0    = 4

091 D

시계 반대 방향으로 90도씩 돌아가고 있다.

092 A는 올라가고, B는 내려간다.

093 C

화살이 하나씩 늘어난다. 시작하는 화살표의 왼쪽 시작이 흑백이
교차하고 아래 방향이다.

094 C
시계 반대 방향으로 36도씩 회전한다.

095 A
무늬가 번갈아가며 180도 뒤집혀 있다.

096 B
세 군데가 다르다.

097

098

B

아래쪽 그림들은 위쪽 그림들의 좌우 거울상이다.

099

까맣게 표시된 길이다.

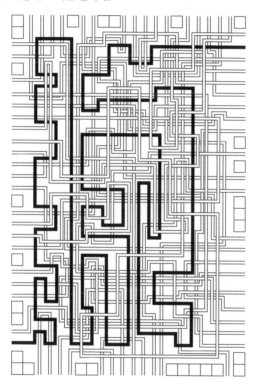

100 C

101 G

다른 그림에서는 작은 공이 붙어 있는 가지의 반대편에는 검은 가지가 붙어 있다. G에서는 흰색 가지가 붙어 있다.

102 이 문제를 푸는 열쇠는 입체가 놓일 자리에 겹쳐지는 도형의 개수이다. 예를 들어 원뿔은 물방울과 별, 2개의 도형이 겹쳐지고, 원기둥은 물방울, 삼각형, 육각형, 3개의 도형이 겹쳐진다.

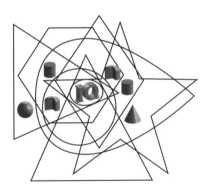

103 C

104 B
번개 모양이 180도 돌고, 좌우 위치가 바뀌었다. 몸체도 위아래가 바뀌었다.

105 C
안쪽 그림이 거울상이다.

106 A, B 둘 다 내려간다.

107 B

108 H
H만 안쪽 사각형들의 배치가 다르다. 옆이나 밑에 붙은 그림은 거울상인 데 반하여 H는 아니다.

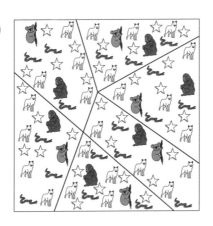

109

110 B

벽돌이 하나 빠져 있다.

111 A

선으로 둘러싸인 공간(폐곡선)의 수가 차례로 늘어난다. 4개인 A
가 정답이다.

112 F

1) 공간이 압축된다. 제일 바깥쪽 육각형이 안쪽으로 한 칸씩 이
동해 들어온다.

2) 흰색은 회색, 회색은 검은색, 검은색은 흰색으로 변한다.

3) 좌우 거울상이 된다.

113

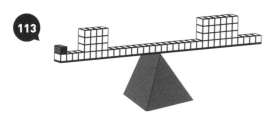

114 D

왼쪽에서 오른쪽으로 가면서 시계 방향으로 90도씩 회전한다.

D에서 맨 아랫줄 흰 공과 그 왼쪽 회색 공의 위치가 바뀌어야 한다.

115

116 C

나무 안쪽에 주름이 더 많다.

117 B
왼쪽으로 가면서 시계 방향으로 60도씩 회전하고 있다.

118 B

119 A는 올라가고, B는 내려간다.

120 B

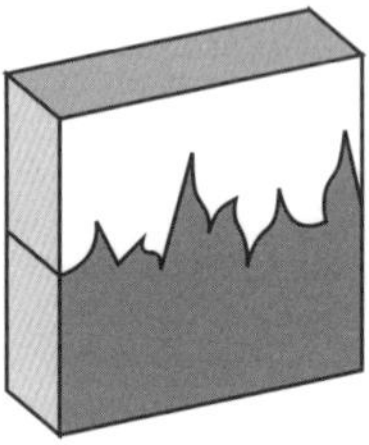

121 C
안쪽 그림들은 시계 반대 방향으로 90도, 바깥쪽 그림들은 시계
방향으로 90도씩 회전한다.

122 A

123 D
왼쪽으로 가면서 시계 방향으로 45도씩 회전한다. D에서만 회색
원의 위치가 다르다.

124 B와 F

125

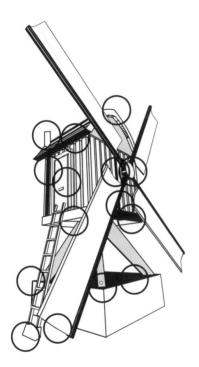

126 D

127

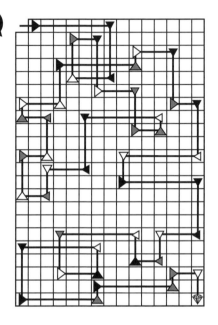

128 A–C–F
원기둥은 시계 반대 방향으로 60도씩, 번개는 시계 방향으로 60
도씩 돌고 있다.

129 D
5행 2열에 있는 검은 공의 위치가 다르다.

130 C

131 B

음영(흰색, 회색, 검은색)이 시계 반대 방향으로 90도씩 회전하고, 가운데 다이아몬드의 음영은 12시 방향의 음영과 같다.

132 D

검정 세로줄은 오른쪽으로 한 칸씩 이동하고, 끝에 도달하면 다시 왼쪽 끝으로 이동한다. 검정 가로줄은 아래로 한 칸씩 내려간다.

133 39마리

134

135 D

왼쪽으로 가면서 90도씩 시계 방향으로 회전한다. D는 규칙에 어긋난다.

136 G

선 하나가 빠져 있다. 빠진 선을 아래 그림에서 까맣게 표시했다.

137 B와 F

주변부에 있는 6가지 도형 안에 있는 점이 하얀 경우, 도형이 작아진다.

B에서는 도형이 작아지지 않았고, F에서는 하얀 점이 아닌 마름모의 크기가 작아져 있다.

138 A는 올라가고, B는 내려간다.

139 A

표범은 2, 벼룩은 3, 개는 5, 토끼는 4이다.

2 + 3 = 5 = 5

4 + 2 = 6 = 3 + 3

5 + 3 = 8 = 4 + 4

4 + 5 = 9 = 3 + 3 + 3

3 + 2 + 3 + 5 = 13 = 5 + 5 + 3 (A)

140 D

다른 그림에서는 모든 도형이 서로 맞물려 있다. D에서는 집 모양과 반 타원이 서로 분리되어 있다.

141

142 B

시계 반대 방향으로 90도 돌린 후 좌우 거울상이 되어야 한다.

143 E

전체적으로 도형들이 시계 방향으로 돌고 있지만, 왼쪽으로 가면서 한 개의 도형이 움직인다.

X자, 번개, 조명등 모양이 움직였고, 마지막에는 화살표가 움직일 차례이다.

144

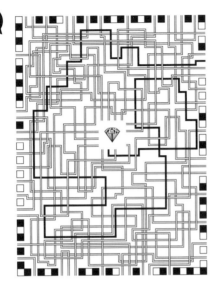

145 C와 H

C에서는 검은 점이 다른 것보다 하나 적고, H에서는 검은 점이 다른 것보다 하나 적다.

146 D

위 그림에서 공으로 연결된 세로줄과 가로줄이 교차된 곳을 180도 뒤집은 곳에 아래 그림에서는 공이 있다. D는 그 규칙을 따르지 않는다.

147 A

코알라-침팬지-독수리가 한 조를 이루고, 여우-황소-표범이 한 조를 이룬다. 곰-뱀-말도 한 조를 이룬다. 그림이 아래로 내려오면서 조도 아래로 한 칸 내려오고, 제일 밑의 조는 위로 올라갑니다. 마찬가지로 세로로도 조가 이루어져 있고, 오른쪽으로 한 줄 가면서 그림들은 왼쪽으로 한 칸 이동하고, 왼쪽 끝의 동물은 오른쪽 끝으로 이동한다.

148 D

149 B

150 B

시계 반대 방향으로 회전한다.

151 C

152 C

분침과 시침이 120도를 유지한다. C는 분침이 시침의 시계 반대 방향으로 120도이고, 나머지 그림에서는 분침이 시침의 시계 방향 120도에 있다.

153 B

154 E

전투기는 시계 방향으로 72도씩 회전한다.

155 C

C는 거울상이다.

156 D

157 C

C는 거울상이다.

158

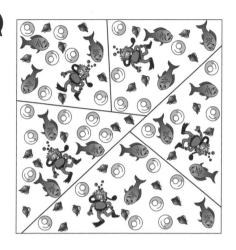

159 **C**

모양은 유지한 상태에서 음영(흰색, 회색, 검은색)만 시계 방향으로 90도씩 회전하고 있다. C는 그 규칙에서 벗어난다.

160 **D와 G**

두 가지 모두 아래 그림에서 까맣게 표시한 선이 빠져 있다.

161 A

162 A

첫 번째 경사로 끝에서 공은 수직 방향으로 올라가기 때문에 턱을 넘지 못하고 다시 경사로를 따라 원래 있던 곳으로 돌아가고 다시 굴러 내려오기를 반복하다가 A지점에서 서게 될 것이다.

163 A는 내려가고, B는 왼쪽으로 간다.

164 C

표시되지는 않았지만, 그림을 둘러싼 가로 세로 5칸의 격자가 있다. 빈칸에서는 무늬가 나타나고 무늬가 있던 곳은 빈칸이 된다.

165 B

왼쪽 그림을 시계 방향으로 90도 돌린 다음, 좌우가 바뀐 거울상이 된다.

166 D

흰색 화살표의 꼬리 부분이 삼각 모양 앞으로 나와 있다.

167

C

= 1   = 9   = 0   = 5   = 6

= 3   = 2   = 7   = 8   = 4

168

169

B

다른 그림에서는 원이 11개인 데 반하여, B만 원이 10개이다.

170

B

마름모 화살표 정사각형은 오른쪽으로 가면서 한 칸씩 내려오고 있고, X는 오히려 한 칸 올라간다. 흰색 원은 오른쪽으로 한 칸, 아래로 한 칸씩 내려온다.

나는 혹시 천재가 아닐까?

이 책이 준비한 퍼즐들은 모두 재미있게 푸셨는지요? 퍼즐을 풀면서 페이지 번호 옆에 해결, 미해결 표시는 꼼꼼히 해두었겠지요. 여러분의 퍼즐 풀이 능력으로 천재 가능성을 평가해드립니다.

● 해결 문제 1~20개 : 쉬운 문제부터 도전해보세요.

당신은 수학이라면 끔찍이 싫어했고, 시험 때는 객관식 문제는 말할 것도 없고 주관식 문제마저 과감히 찍기를 시도했겠군요. 틀린 문제의 개수가 많다는 사실보다 당신을 더 슬프게 하는 것은 해답을 봐도 전혀 이해가 안 되어 한숨만 나오는 상황입니다. 해결 문제가 1~20개라는 결과는, 수학 실력이 형편없어서가 아니라 아직 문제 해결의 실마리를 못 찾고 있다는 의미입니다. 우선은 조금만 고민하면 의외로 쉽게 풀 수 있는 문제부터 다시 도전해보기 바랍니다.

● 해결 문제 21~70개 : 커다란 호기심과 끈기로 똘똘 뭉친 사람이군요.

문제를 풀면서 당신은 손톱을 물어뜯고 있거나, 이마에 땀이 송골송골 맺

히거나, 미간에 주름이 생기고, 머리에서 김이 난다는 착각이 들었을 수도 있습니다. 몸에 이런 반응이 나타났는데도 문제를 계속 풀었다면, 당신은 호기심이 많고 대단한 끈기를 가진 사람입니다.

이 책에는 몇 가지 공통된 유형의 문제가 있습니다. 우선 한 유형씩 실마리를 찾아나가기 바랍니다. 실마리만 찾으면 숫자나 조건이 조금씩 바뀐 문제들은 아주 쉽게 풀 수 있습니다.

● 해결 문제 71~120개 : 당신의 천재성을 더욱 발전시키세요.

당신은 안 풀리는 한 문제 때문에 한 시간이고 두 시간이고 풀릴 때까지 매달리는 분이군요. 이제 틀린 문제 중심으로 분석해보기 바랍니다. 분명 특정 유형의 문제에 유난히 약한 자신을 발견할 것입니다.

수리력이 뛰어난 당신이라면, 다른 〈멘사 퍼즐 시리즈〉에서도 분명 좋은 결과를 얻을 것입니다. 당신이 가진 능력을 100% 끌어올릴 수 있는 방법을 찾아보세요.

● 해결 문제 121~170개 : 당신이 바로 50명 중 1명, IQ 상위 2%에 속하는 그분이셨군요.

지금 당장 멘사코리아 홈페이지(www.mensakorea.org)에서 테스트를 신청해보실 것을 권해드립니다.

지능지수 상위 2%의 영재는 과연 어떤 사람인가?

● 멘사는 천재 집단이 아니다

지능지수 상위 2%인 사람들의 모임 멘사. 멘사는 사람들의 호기심을 끊임없이 불러일으키고 있다. 때때로 매스컴이나 각종 신문과 잡지들이 멘사와 회원을 취재하고, 관심을 둔다. 대중의 관심은 대부분 멘사가 과연 '천재 집단'인가 아닌가에 몰려 있다.

　정확히 말하면 멘사는 천재 집단이 아니다. 우리가 흔히 '천재'라는 칭호를 붙일 수 있는 사람은 아마도 수십만 명 중 하나, 혹은 수백만 명 중 첫손에 꼽히는 지적 능력을 가진 사람일 것이다. 그러나 멘사의 가입 기준은 공식적으로 지능지수 상위 2%, 즉 50명 중 한 명으로 되어 있다. 우리나라(남한)의 인구를 약 5,200만 명이라고 한다면 104만 명 정도가 그 기준에 포함될 것이다. 한 나라에 수십만 명의 천재가 있다는 것은 말이 안 된다. 그럼에도 불구하고 멘사를 향한 사람들의 관심은 끊이지 않는다. 멘사 회원 모두가 천재는 아니라 하더라도 멘사 회원 중에 진짜 천재가 있지 않을까 하고 생각한다. 멘사 회원에는 연예인도 있고, 대학 교수도 있고, 명문대 졸업생이나 재학생도 많지만 그렇다고 해서 '세상이 다 알 만

한 천재'가 있는 것은 아니다.

지난 시간 동안 멘사코리아는 끊임없이 새로운 회원들을 맞았다. 대부분 10대 후반과 20대 전후의 젊은이들이었다. 수줍음을 타는 조용한 사람들이 많았고 얼핏 보면 평범한 사람들이었다. 물론 조금 사귀어보면 멘사 회원 특유의 공통점을 발견할 수 있다. 무언가 한두 가지씩 몰두하는 취미가 있고, 어떤 부분에 대해서는 무척 깊은 지식이 있으며, 남들과는 조금 다른 생각을 하곤 한다. 하지만 멘사에 세상이 알 만한 천재가 있다고 말하긴 어려울 듯하다.

세상에는 우수한 사람들이 많이 있지만, 누가 과연 최고의 수재인가 천재인가 하는 것은 쉬운 문제가 아니다. 사람들에게는 여러 가지 재능이 있고, 그런 재능을 통해 자신을 드러내 보이는 사람도 많다. 하나의 기준으로 사람의 능력을 평가하여 일렬로 세우는 일은 그다지 현명하지 못하다. 천재의 기준은 시대와 나라에 따라 다르기 때문이다. 다양한 기준에 따른 천재를 한자리에 모두 모을 수는 없다. 그렇다고 강제로 하나의 단체에 묶을 수도 없다. 멘사는 그런 사람들의 모임이 아니다. 하지만 멘사 회원은 지능지수라는 쉽지 않은 기준을 통과한 사람들이란 점은 분명하다.

●전투 수행 능력을 알아보기 위해 필요했던 지능검사

멘사는 상위 2%에 해당하는 지능지수를 회원 가입 조건으로 하고 있다. 지능지수만으로 어떤 사람의 능력을 절대적으로 평가할 수 없다는 것은 분명하다. 하지만 지능지수가 터무니없는 기준은 아니다.

지능지수의 역사는 100년이 넘어간다. 1869년 골턴(F. Galton)이 처음으로 머리 좋은 정도가 사람에 따라 다르다는 것을 과학적으로 연구하기 시작했다. 1901년에는 위슬러(Wissler)가 감각 변별력을 측정해서 지능의 상대적인 정도를 정해보려 했다. 감각이 예민해서 차이점을 빨리 알아내는 사람은 아마도 머리가 좋을 것이라고 생각했던 것이다. 그러나 그런 감각과 공부를 잘하거나 새로운 지식을 습득하는 능력 사이에는 상관관계가 없다고 밝혀졌다.

1906년 프랑스의 심리학자 비네(Binet)는 최초로 지능검사를 창안했다. 당시 프랑스는 교육 기관을 체계화하여 국가 경쟁력을 키우려고 했다. 그래서 국가가 지원하는 공립학교에서 가르칠 아이들을 선발하기 위해 비네의 지능검사를 사용했다.

이후 발생한 세계대전도 지능검사의 확산에 영향을 주었다. 전쟁에 참여하기 위해 전국에서 모여든 젊은이들에게 단기간의 훈련을 받게 한 후 살인무기인 총과 칼을 나눠주어야 했다. 이때 지능검사는 정신이상자나 정신지체자를 골라내는 데 나름대로 쓸모가 있었다. 미국의 스탠퍼드 대학에서 비네의 지능검사를 가져다가 발전시킨 것이 오늘날 스탠퍼드-비네(Stanford-Binet) 검사이며 전세계적으로 많이 사용되는 지능검사 중 하나이다.

그리고 터먼(Terman)이 1916년에 처음으로 '지능지수'라는 용어를 만들었다. 우리가 '아이큐'(IQ: Intelligence Quotients)라 부르는 이 단어는 지능을 수치로 만들었다는 뜻인데 개념은 대단히 간단하다. 지능에 높고 낮음이 있다면 수치화하여 비교할 수 있다는 것이다. 평균값이 나오면, 평균값을 중심으로 비슷한 수치를 가진 사람을 묶어볼 수 있다. 한 학교 학생들의 키를 재서 평균을 구했더니 167.5cm가 되었다고 하자. 그리고 5cm 단위로 비슷한 키의 아이들을 묶어보자. 140cm 미만, 140cm 이상에서 145cm 미만, 145cm 이상에서 150cm 미만… 이런 식으로 나눠보면 평균값이 들어 있는 그룹(165cm 이상, 170cm 미만)이 가장 많다는 것을 알 수 있다. 그리고 양쪽 끝(140cm 미만인 사람들과 195cm 이상)은 가장 적거나 아예 없을 수도 있다. 이것을 통계학자들은 '정규분포'(정상적인 통계 분포)라고 부르며, 그래프를 그리면 종 모양처럼 보인다고 해서 '종형 곡선'이라고 한다.

지능지수는 이런 통계적 특성을 거꾸로 만들어낸 것이다. 평균값을 무조건 100으로 정하고 평균보다 머리가 나쁘면 100 이하고, 좋으면 100 이상으로 나누는 것이다. 평균을 50으로 정했어도 상관없었을 것이다. 그렇게 했다고 하더라도 100점이 만점이 될 수는 없다. 사람의 머리가 얼마나 좋은지는 아직도 모르는 일이기 때문이다.

●'지식'이 아닌 '지적 잠재능력'을 측정하는 것이 지능검사

지능검사는 그 사람에게 있는 '지식'을 측정하는 것이 아니다. 지식을 측정하는 것이라면 지능검사가 학교 시험과 다를 바가 없을 것이다. 지능검사는 '지적 능력'을 평가하는 것이다. 지적 능력이란 무엇일까? 기억력(암기력), 계산력, 추리력, 이해력, 언어 능력 등이 모두 지적 능력이다. 지능검사가 측정하려는 것은 실제로는 '지적 능력'이라기보다 '지적 잠재능력'일 것이다.

유명한 지능검사로는 앞서 이야기했던 스탠퍼드-비네 검사 외에도 '웩슬러 검사' '레이븐스 매트릭스'가 있다. 웩슬러 검사는 학교에서 많이 사용하는 것으로 나라별로 개발되어 있으며, 언어 영역과 비언어 영역을 나누어서 측정하도록 되어 있다. 레이븐스 매트릭스는 도형으로만 되어 있는 다지선다식 지필검사인데, 문화나 언어 차이가 없어 국가 간 지능 비교 연구에서 많이 사용되었다. 이외에도 지능검사는 수백 가지가 넘게 존재한다.

지능검사가 과연 객관적인지를 알아보기 위해 결과를 서로 비교하는 연구도 있다. 지능검사들 사이의 연관계수는 0.8 정도이다. 두 가지 지능검사 결과가 동일하게 나온다면 연관계수는 1이 될 것이고, 전혀 상관없이 나온다면 0이 된다. 0.8 이상의 연관계수가 나온다면 비교적 객관적인 검사로 본다. 웩슬러 검사는 표준 편차 15를 사용하고, 레이븐스 매트릭스는 24를 사용한다. 그래서 웩슬러 검사로 130은 레이븐스 매트릭스 검사의 148과 같은 지수이다. 멘사의 입회 기준은 상위 2%이고, 따라서 레이븐스 매트릭스로 148이며, 웩슬러 검사로 130이 기준이다. 학교에서 평가한 지능지수가 130이었다면, 멘사 시험에 도전해볼 만하다.

●강요된 두뇌 계발은 득보다 실이 더 많다

'지적 능력'은 대체로 나이가 들수록 좋아진다. 어떤 능력은 나이가 들수록 오히려 나빠진다. 하지만 지식이 많고 공부를 많이 한 사람들, 훈련을 많이 한 사람들이 지능검사에서 뛰어난 능력을 보여준다. 그래서 지능지수는 그 사람의 실제 나이를 비교해서 평가하게 되어 있다. 그 사람의 나이와 비교해 현재 발달되어 있는 지적 능력을 측정한 것이 지능지수이다. 우리가 흔히 '신동'이라고 부르는 아이들도 세상에서 가장 우수하다기보다는 '아주 어린 나이에도 불구하고 보여주고 있는 능력이 대단하다'는 의미로 받아들여야 한다. 세 살에 영어책을 줄줄 읽는다든가, 열 살도 안 된 아이가 미적분을 풀었다든가 하는 것도 마찬가지이다.

'지적 잠재능력'은 3세 이전에 거의 결정된다고 본다. 지적 잠재능력이란 지적 능력이 발달하는 속도로 볼 수 있다. 혹은 장차 그 사람이 어느 정도의 '지적 능력'을 지닐 것인가 미루어 평가해보는 것이다. 지능검사에서 측정하려는 것은 '잠재능력'이지 이미 개발된 '지능'이 아니다. 3세 이전에 뇌세포와 신경 구조는 거의 다 만들어지기 때문에 지적 잠재능력은 80% 이상 완성되며, 14세 이후에는 크게 변하지 않는다는 것이 많은 학자들의 의견이다.

조기 교육을 주장하는 사람들은 흔히 3세 이후면 너무 늦다고 한다. 하지만 3세 이전의 유아에게 어떤 자극을 주어 두뇌를 좋게 계발한다는 생각은 아주 잘못된 것이다. 태교에 대한 이야기 중에도 믿기 어려운 것이 너무 많다. 두뇌 생리를 잘 발육하도록 하는 것은 '지적인 자극'이 아니다. 어설픈 두뇌 자극은 오히려 아이에게 심각한 정신적·육체적 손상을 줄 수도 있다. 이 시기에는 '촉진'하기보다는 '보호'하는 것이 훨씬 중요하다. 태아나 유아의 두뇌 발달에 해로운 질병 감염, 오염 물질 노출, 소음이나 지나친 자극에 의한 스트레스로부터 아이를 보호해야 한다.

한때, 젖도 안 뗀 유아에게 플래시 카드(외국어, 도형, 기호 등을 매우 빠른 속도로 보여주며 아이의 잠재 심리에 각인시키는 교육 도구)를 보여주는 교육이 유행했다. 이 카드는 장애를 가지고 있어 정상적인 의사소통이 불가능한 아이들의 교정 치료용으로 개발된 것으로 정상아에게 도움이 되는지 확인된 바 없다. 오히려 교육을 받은 일부 아동들에게는 원형탈모증 같은 부작용이 발생했다. 두뇌 생리 발육의 핵심은 오염되지 않은 공기와 물, 균형 잡힌 식사, 편안한 상태, 부모와의 자연스럽고 기분 좋은 스킨십이다. 강요된 두뇌 계발은 얻는 것보다는 잃는 것이 더 많다.

●왜 많은 신동들이 나이 들면 평범해지는가

지적 능력도 키가 자라나는 것처럼 일정한 속도로 발달하지 않는다. 집중적으로 빨리 자라나는 때가 있다. 아이들은 불과 몇 개월 사이에 키가 10cm 이상 자라기도 한다. 사람들의 지능도 마찬가지다. 아주 어린 나이에 매우 빠른 발전을 보이는 사람이 나이가 들어가며 발달 속도가 느려지기도 한다. 반면, 아주 나이가 들어서 갑자기 지능 발달이 빨라지는 사람도 있다. 신동들은 매우 큰 잠재력을 가진 것이 분명하지만, 빠른 발달이 평생 계속되는 것은 아니다. 나이가 어릴수록 지능 발달 속도는 사람마다 큰 차이를 보이지만, 이 차이는 성인이 되면서 점차 줄어든다. 그렇지만 처음 기대만큼의 성공은 아니어도 지능지수가 높은 아이는 적어도 지적인 활동에 있어서 우수함을 보여준다.

어떤 사람은 지능지수 자체를 불신한다. 그러나 그런 생각은 지나친 것이다. 지적 능력의 발달 속도에는 분명한 차이가 있다. 따라서 지능지수가 높은 아이들에게는 속도감 있는 학습 방법이 효과가 있다. 아이들이 자신의 두뇌 회전 속도와 지능 발달 속도에 잘 맞는 학습 습관을 들이면 자신의 잠재능력을 제대로 계발할 수 있다.

공부 잘하는 학생을 키우는 조건에는 주어진 '잠재능력' 그 자체보다는 그 학생에게 잘 맞는 '학습 습관'이 기여하는 바가 더 크다. 지능지수가 높다는 것은 그만큼 큰 잠재능력이 있다는 의미다. 그런 사람이 자신에게 잘 맞는 학습 습관을 계발하고 몸에 익힌다면 학업에서도 뛰어난 결과를 보일 것이다.

높은 지능지수가 곧 뛰어난 성적을 보장하지 않는다고 해도, 지능지수를 측정할 필요는 있다. 지능지수가 일정한 수준 이상이 되면, 일반인들과는 다른 어려움을 겪는다. 어떻게 생각하면 지능지수가 높다는 것은 지능의 발달 속도, 혹은 생각의 속도가 다른 사람들보다 빠른 것뿐이다. 많은 영재나 천재들이 단지 지능의 차이만 있음에도 불구하고 성격장애자나 이상성격자로 몰리고 있다. 실제로 그런 편견과 오해 속에 오랫동안 방치하면, 훌륭한 인재가 진짜 괴팍한 사람이 되기도 한다.

지능지수는 20세기 초에 국가 교육 대상자를 뽑고 군대에서 총을 나눠주지 못할 사람을 골라내거나 대포를 맡길 병사를 선택하는 수단이었다. 하지만 지금은 적당한 시기에 영재를 찾아내는 수단이 될 수 있다. 특별한 관리를 통해 영재들의 재능이 사장되는 일을 막을 수 있는 것이다.

●평범한 생활에서 괴로운 영재들

일반적으로 지능지수 상위 2~3%의 아이들을 영재로 분류한다. 영재라고 해서 반드시 특별한 관리를 해주어야 하는 것은 아니다. 아주 특수한 영재임에도 불구하고 평범한 아이들과 잘 어울리고 무난히 자신의 재능을 계발하는 아이도 있다. 하지만 영재들 중 60~70%의 아이들은 어느 정도 나이가 되면, 학교생활이나 교우관계, 인간관계 등에서 다른 사람들이 느끼지 못하는 어려움을 겪는다. 학교생활이 시작되고 집단 수업에 참여하면서 이런 문제에 시달리는 영재아의 비율은 점점 많아진다.

초등학교 입학 전에 특별 관리가 필요한 초고도 지능아(지수 160 이상)는 3만 명 중 1명도 안 되지만(이론적으로는 3만 1,560명 중 1명), 초등학교만 되어도 고도 지능아(지수 140 이상은 약 260명 중 1명으로 우리나라 한 학년의 아동이 60만 명 정도 된다고 볼 때 2,300명 안팎)는 이미 어려움을 겪고 있다고 보아야 한다.

중학생이 되면 영재아(지수 130 이상으로 약 43명 중 1명) 중 3분의 1인 6,000명 정도가 학교생활에서 고통받고 있다고 보아야 한다. 고등학생이 되면 학교생활에서 어려움을 느끼는 비율은 60%인 8,400명 정도가 될 것이다.

그런데 이것은 확률 문제로 영재라고 해서 모두 고통을 받는 것은 아니다. 단지 그럴 가능성이 높다는 뜻이다. 예외 없이 영재아가 모두 그랬다면, 이미 개선 방법이 나왔을 것이다. 게다가 여기에 한 가지 문제가 덧붙여지고 있다. 모든 국가 아이들의 평균 지능지수는 해마다 점점 높아진다. '플린'이라는 학자가 수십 년간의 연구로 확인한 결과 선진국과 후진국 모두에서 이런 현상을 찾아볼 수 있다. 영재들의 학교생활 부적응 문제는 20세기 중반까지 전체 학생의 2% 이하인 소수 아이들(우리나라의 경우 매년 1만 명 안팎)의 문제였지만, 아이들의 지능 발달이 빨라지면서 점점 많은 아이들의 문제가 되어가고 있다. 이 아이들의 어려움은 부모와 교사들 사이의 갈등으로 번질 수도 있다. 하지만 해결 방법이 전혀 없는 것은 아니다. 아이들의 지적 잠재능력에 맞는 새로운 교육 방법이 나와야만 하는 이유가 그것이다.

　지능지수와 관련하여 학교생활에서 어려움을 겪는 정도가 심한 아이들의 비율과 기준은 대략 다음과 같다.

학년	지능지수	비율(%)	학생 60만 명당(명)
미취학(유치원)	169	0.003	20
초등학교	140	0.4	2,300
중학교	135	1	6,000
고등학교	133	1.4	8,400

　미취학 어린이들이나 초등학생들을 위한 영재 교육원은 넘쳐 나

지만, 중고등학생을 위한 영재 교육 시설은 별로 없다. 현재의 교육 제도가 영재들에게는 큰 도움이 되지 않는 것이다. 특수 목적고나 과학 영재학교 등은 영재아들이 겪는 문제를 도와주지 못한다. 이런 학교들은 엘리트 양성 기관으로 학교생활에 잘 적응하는 수재들에게 적합한 학교들이다.

미국의 통계를 보면, 학교생활에서 우수한 성적을 거두는 아이들은 지수 115(상위 15%)에서 125(상위 5%) 사이에 드는 아이들이다. 학계에서는 이런 범위를 '최적 지능지수'라고 말한다. 이런 아이들은 수치로 보면 대체로 10명 중 하나가 되는데 엘리트 교육기관은 이런 아이들의 차지가 된다. 물론 이들 사이에서도 치열한 경쟁이 일어나고 있다. 이런 경쟁 속에서 작은 차이가 합격·불합격을 결정한다. 이 경쟁에서 이긴 아이는 지적 능력뿐 아니라, 학습 습관, 집안의 뒷받침, 경쟁에 강한 성격, 성취동기 등 모든 면에서 균형 잡힌 아이들이라 할 수 있다.

영재 아이들 중에도 예외적으로 학교생활에 적응했거나 매우 강한 성취동기를 가진 아이들이 엘리트 학교에 입학하기도 한다. 하지만 영재아는 그 이후 학교 적응에 어려움을 겪기도 한다. 기질적으로 영재아는 엘리트 교육 기관의 교육 문화와 충돌할 위험성이 높다. 최적 지능지수를 가진 수재들은 학업을 소화해내는 데 큰 어려움을 느끼지 못하며, 또래 친구들과 어울리는 데에도 어려움이 없다. 물론 이런 아이들도 입시 경쟁에 내몰리고 학교, 교사, 부모로부터 강한 압력을 받으면 고통스러워하지만 그 정도는 비교적 약하며 곧잘 극복해낸다.

영재아는 감수성이 예민한 편이다. 그래서 교사나 학교가 어린 학생들을 다루는 태도에 큰 상처를 받기도 한다. 또한 이들은 어휘력이 뛰어난 편이다. 뛰어난 어휘력이 오히려 영재아 자신을 고립시킬 수 있다. 또래 아이들이 쓰지 않거나 이해하지 못하는 단어를 자꾸 쓰다보면 반감을 일으킨다. '잘난 체한다' '어른인 척한다' 등의 말을 듣기도 한다. 반대로 교사가 아이들에게 이해하기 쉽도록 이야기하면, 영재아는 오히려 답답해하며 괴로워하기도 한다. 이런 영재아의 태도에 교사는 불편함을 느낀다.

대체로 또래 아이들과 어울릴 수 있는 부분이 학년이 올라갈수록 적어지기 때문에 영재아는 심한 고립감을 느낀다. 자기에게 흥미를 주는 것들은 또래 아이들이 이해하기에는 너무 어렵고, 또래 아이들이 즐기는 것들은 지나치게 유치하고 단순하게 느껴진다. 그렇다고 해서 성인이나 학년이 높은 형, 누나, 오빠, 언니들과 어울리는 것도 자연스럽지 않다. 대체로 영재아는 내성적이고 책이나 특별한 소일거리에 매달리는 경향이 많다. 또 자존심이 강하고 나이에 걸맞지 않은 사회 문제나 인류 평화와 같은 거대 담론에 관심을 보이기도 한다.

지능지수로 상위 2~3%에 속하는 영재들은 오히려 학업 성적이 부진할 수 있다. 미국 통계에 의하면 영재들 중 반 이상이 평균 이하의 성적을 거두는 것으로 나타났다. 나머지 반도 평균 이상이라는 뜻이지 최상위권에 속했다는 뜻은 아니다. 지능지수와 학업 성적은 대체로 비례 관계를 가진다. 즉, 지능지수가 높은 아이들이 성적도 우수하다. 하지만 최적 지능지수(115~125 사이)까지만 그렇다. 오히려 지능지수가 높은 그룹일수록 학업 부진에 빠지는 비율이 높아지는데 이런 현상을 '발산 현상'이라 부른다.

발산 현상은 지능지수에 대한 불신을 일으킨다. 고도 지능아의 경우, 거의 예외 없이 '머리는 좋다는 애가 성적은 왜 그래?'라는 말을 한두 번 이상 듣게 된다. 혹은 지능검사가 잘못되었다는 말도 듣는다. 영재아 혹은 고도 지능아 중에도 높은 학업 성적을 보이는 아이들이 있지만, 그 비율은 그리 많지 않다(대체로 10% 이하).

●영재와 수재의 특성을 모르는 데서 오는 영재 교육의 실패

영재는 실제로 있다. 영재는 조기 교육의 결과로 만들어진 가짜가 아니다. 영재는 평범한 아이들보다 5배에서 10배까지 학습 효율이 높고 배우는 속도가 빠르다. 영재는 제대로 배양하면 국가의 어떤 자원보다도 부가 가치가 크다. 사회는 점점 지식 사회로 가고 있다. 천연자원보다 현재 국가가 가진 생산시설이나 간접자본보다 점점 가치가 커지는 자원이 지식과 정보다. 영재는 지식과 정보를 처리하는 자질이 뛰어나다. 그럼에도 불구하고 각국은 영재 개발에 그다지 성공하지 못하고 있다.

1970년 미국에서 달라스 액버트라는 17세의 영재아가 자살하는 사건이 일어났다. 액버트의 부모는 영리했던 아이가 왜 자살에까지 이르렀는지 사무치는 회한으로 몸서리쳤다. 자신들이 좀 더 아이의 고민에 현명하게 대처했다면 이런 비극을 피할 수 있지 않았을까 생각하며 전문가들을 찾아 나섰다. 그러나 영재아의 사춘기를 도와줄 수 있는 프로그램은 어디에도 없다는 것을 알게 되었다. 액버트의 부모들은 사재를 털어 이 문제에 대한 답을 구하려 했고, 오하이오 주립대학이 협조했다. 10년간의 노력을 토대로 1981년 미국의 유명한 토크쇼인 〈필 도나휴 쇼〉에 출연하여 그동안의 성과를 이야기했다. 프로그램이 방영되자, 미국 전역에서 2만 통의 편지가 쏟아졌다. 많은 영재아의 부모들이 똑같은 문제로 고민해왔던 것이다. 우리나라보다 훨씬 뛰어난 교육 제도가 있을 것이라고 생각되는 미국에서도 영재 교육은 의외로 발달하지 못한 상태였다. 아직도 미국 교육계는 영재 교육에 대한 만족스러운 해답을 내지 못하고 있다.

영재 교육의 실패는 수재와 영재들의 특성이 다르다는 것을 모르는 데서 비롯된다. 평범한 학생들과 수재들은 수업을 함께 받을 수 있지만, 수재와 영재 사이의 거리는 훨씬 더 크다. 그 차이는 그저 참을 만한 수준이 아니다. 생각의 속도가 30%, 50% 정도 다른 경우 빠른 사람이 조금 기다려주면 되지만 200%, 300% 이상 차이가 나면 그건 큰 고통이다. 하지만 영재는 소수에 불과하기 때문에 흔히 '성격이 나쁜' '모난' '자만심이 가득 찬' 아이처럼 보인다.

영재를 월반시킨다고 문제가 해결되지는 않는다. 1~2년 정도 월반시켜봐야 학습 속도가 적당하지도 않을뿐더러, 아무리 영재라도 체구가 작고, 정서적으로는 어린아이에 불과하기 때문에 또 다른 문제가 일어난다.

그렇다고 영재들만을 모아놓는다고 해서 해결되지도 않는다. 같은 영재라도 지수 130 정도의 영재아와 고도 지능아(지수 140 이상), 초고도 지능아(지수 160 이상)는 서로 학습 속도가 다르다. 또 일반 학교나 엘리트 학교에서처럼 경쟁을 통한 학습 유도는 부작용이 너무 크다. 오히려 더 큰 스트레스를 유발하고 학습에 대한 거부감을 강화할 수 있다. 영재아에게 절실히 필요한 교육은 자신들보다 생각하는 속도가 느린 사람들과 어울려 사는 법을 익히는 것이다. 하지만 정서적으로 어린 학생들을 배려할 수 있으면서 지식 수준이 높은 영재아의 호기심에 대응할 수 있는 교사를 구하는 것은 어렵고, 교재를 개발하는 데 드는 비용 역시 막대하다.

● 영재 교육 문제의 해답은 영재아에게 있다

그렇다면 영재 교육은 어떻게 해야만 하는가? 사실 영재 교육 문제의 해답은 영재아에게 있다. 영재들에게는 스스로 진도를 정하고, 학습 목표를 정할 수 있는 자율 학습의 공간을 마련해주어야 한다. 개인별 학습 진도가 주어져야 하고, 대학 수업처럼 좀 더 폭넓은 학과 선택권이 주어져야 한다. 학과 공부보다는 체력 단련, 대인 관계 계발, 예능 훈련에 좀 더 많은 프로그램을 제공해야 한다.

빠른 지적 발달에 비해 상대적으로 미숙한 영재아의 정서 문제를 해결한다면 많은 성과를 기대할 수 있다. 지적 발달과 정서 발달 사이의 속도 차이가 큰 만큼 주변의 또래뿐만 아니라 어른들도 혼란을 느낀다. 영재아가 정서적인 면에서도 좀 더 빨리 성숙해지면, 아이는 자신감을 가지고 지적 능력을 발전시킬 수 있다. 자신이 지적 능력을 발휘할 수 있는 적절한 목표를 발견하면 영재아는 정말 놀라운 능력을 보일 것이다. 외국어 분야는 영재아에게 아주 좋은 도전 목표가 될 수 있다. 뛰어난 외국어 전문가는 많으면 많을수록 좋다. 공정하고 유능한 법관이 될 수도 있을 것이다. 짧은 시간과 제한된 자료를 가지고도 사건을 머릿속에서 재구성하여 증언과 주장의 모순을 찾아내거나, 혹은 일관성이 있는지 판단할 수 있는 법관이 많다면 세상에는 억울한 일이 좀 더 줄어들 것이다. 미술, 음악, 무용, 문학 같은 예술 분야와 다양한 스포츠 분야는 영재들에게 활동할 무대를 넓혀줄 것이다. 창조적인 예술인이나 뛰어난 운동선수가 많을수록 국가에는 이익이 될 것이다.

영재아라 하더라도 학교생활과 친구 관계가 원만한 아이는 얼마든지 있다. 하지만 학년이 올라가고 지적 능력이 급격하게 발달하는 사춘기를 거치면, 자신의 기질이 다른 사람들과는 많이 다르다는 것을 느끼는 시기가 온다. 이때 멘사는 자신과 잘 어울릴 수 있는 새로운 친구들을 만날 수 있는 통로가 될 수 있다. 영재아는 적은 노력으로 지적 능력을 키워갈 수 있다. 그렇지만 지적 능력을 계발하는 과정이 마냥 즐겁고 재미있을 수는 없다. 친구들과 함께라면 어려운 일도 이겨낼 수 있지만, 혼자 하는 연습은 고통스럽고 지루한 법이다.

지형범

멘사코리아

주소: 서울시 서초구 언남9길 7-11, 5층(제마트빌딩)

전화: 02-6341-3177

E-mail : admin@mensakorea.org

멘사 시각 퍼즐
IQ 148을 위한

1판 1쇄 펴낸 날 2017년 6월 27일

1판 2쇄 펴낸 날 2020년 4월 25일

지은이 | 존 브렘너

옮긴이 | 지형범

펴낸이 | 박윤태

펴낸곳 | 보누스

등   록 | 2001년 8월 17일 제313-2002-179호

주   소 | 서울시 마포구 동교로12안길 31 보누스 4층

전   화 | 02-333-3114

팩   스 | 02-3143-3254

E-mail | bonus@bonusbook.co.kr

ISBN 978-89-6494-291-8 04410

＊이 책은《멘사 시각 퍼즐》의 개정판입니다.

내 안에 잠든
천재성을 깨워라!

대한민국 2%를 위한
두뇌유희 퍼즐

멘사 아이큐 테스트

해럴드 게일 외 지음 | 7,900원

멘사 아이큐 테스트 실전편

조세핀 풀턴 지음 | 8,900원

멘사 추리 퍼즐 1

데이브 채턴 외 지음 | 7,900원

멘사 추리 퍼즐 2

폴 슬론 외 지음 | 7,900원

멘사 추리 퍼즐 3

폴 슬론 외 지음 | 7,900원

멘사 추리 퍼즐 4

폴 슬론 외 지음 | 7,900원

멘사 탐구력 퍼즐

로버트 앨런 지음 | 7,900원

멘사코리아 논리 퍼즐

멘사코리아 퍼즐위원회 지음 | 7,900원

멘사코리아 수학 퍼즐

멘사코리아 퍼즐위원회 지음 | 7,900원